广州市教育局2019年青少年科技教育资助项目研究成果

人工智能与STEAM教育丛书

App Inventor与智能机器人创意编程

王同聚　梁展锋　桂建婷　郑妍钰　编著

SPM 南方出版传媒
全国优秀出版社　全国百佳图书出版单位　广东教育出版社
·广州·

图书在版编目（CIP）数据

App Inventor与智能机器人创意编程／王同聚等编著. —广州：广东教育出版社，2019.12

（人工智能与STEAM教育丛书）

ISBN 978-7-5548-3002-4

Ⅰ. ①A… Ⅱ. ①王… Ⅲ. ①移动终端—应用程序—程序设计 ②智能机器人—程序设计 Ⅳ. ①TN929.53 ②TP242.6

中国版本图书馆CIP数据核字（2019）第197896号

责任编辑：姜树彪
责任技编：黄　康
装帧设计：梁　杰

App Inventor与智能机器人创意编程
App Inventor YU ZHINENG JIQIREN CHUANGYI BIANCHENG
广东教育出版社出版发行
（广州市环市东路472号12-15楼）
邮政编码：510075
网址：http://www.gjs.cn
佛山市浩文彩色印刷有限公司印刷
（佛山市南海区狮山科技工业园A区）
787毫米×1092毫米　16开本　9.5印张　237 500字
2019年12月第1版　2019年12月第1次印刷
ISBN 978-7-5548-3002-4
定价：48.00元

如有印装质量或内容质量问题，请与我社联系调换。
质量监督电话：020-87613102　邮箱：gjs-quality@nfcb.com.cn
购书咨询电话：020-87772438

作者简介

王同聚：广州市教育信息中心正高级教师，华南师范大学、广州大学、广东技术师范大学兼职教授和硕士生导师，广东省中小学新一轮“百千万人才培养工程”首批名教师培养对象优秀学员，广州市基础教育系统名教师，广州市名师工作室主持人，广东省、广州市新一轮“百千万人才培养工程”第二、三批名教师培养对象导师，全国十佳科技教师，全国杰出、全国十佳机器人教练，全国教师创客联盟创客导师，中国教育技术协会创客教育专业委员会副秘书长，中国教育技术协会人工智能专业委员会常务理事，中国教育信息化产业技术创新战略联盟粤港澳大湾区STEM教育联盟常务理事，华人探究学习学会理事，中国发明协会中小学创造教育分会理事，广东省中小学教师发展中心信息技术教育委员会专家委员。“智创空间”创始人。

曾获得基础教育国家级教学成果奖二等奖2项（排名第一、第二）、广东省教育教学成果奖（基础教育）特等奖1项（排名第一）；获得发明专利或著作权登记5项；在《电化教育研究》等核心期刊和知名学术期刊发表论文近50篇，其中被人大书报资料中心复印报刊资料《中小学教育》全文转载1篇；主持和作为主要研究人员参与国家级、省级和市级课题研究10项；编著出版人工智能与STEAM教育教程8部。

梁展锋：中学高级教师，广州市教育信息中心教研员。主要从事教育信息化创新应用研究与培训工作。参与的研究项目获基础教育国家级教学成果奖二等奖1项、广东省教育教学成果奖（基础教育）特等奖1项，在省级以上学术期刊发表论文5篇，主持或作为主要研究人员参与国家、省、市级研究课题4项，担任主编出版著作2本，获国家作品著作权登记1项，开发课件获省、市级奖3项。

桂建婷：广州城市职业学院现代教育技术专业助理实验师，深圳大学教育技术学硕士。研究方向为计算机教育应用、数字化学习技术、新媒体与教育教学融合。在省级以上学术期刊发表论文2篇，主持省市级课题2项，多次参与国家级、省市级微课比赛和信息化教学课程案例比赛并获奖。

郑妍钰：计算机讲师，广州市花都区秀全外国语学校教师，华南师范大学教育信息技术学院硕士，广州市花都区STEM教育工作小组核心成员，曾在高职院校担任计算机教师，粤港澳大湾区STEM教育联盟培训讲师。主持或参与 STEM教育课题2项，在省级以上学术期刊发表论文3篇。研究方向为创客教育和STEAM教育。

序言

国际社会普遍认为计算思维是每个人都应该具有的基本素养，是人们适应21世纪的必备技能之一。编程教育是培养中小学生计算思维的重要途径。编程教育不仅可以帮助学生了解计算机的工作原理，还可以帮助学生通过结构和逻辑来表达自己的想法，进行批判性思考，从而在日益数字化的工作环境中取得成功。学生掌握编码技能将有助于自身理解如今的数字化社会，有助于自身问题解决能力、创造力和逻辑思维能力的提升，有助于自身21世纪创新能力的养成。

如何在基础教育阶段开展计算机编程教育，是世界许多国家都在关注的问题。在基础教育阶段推广编程教育会遭遇许多挑战，比如如何为不同阶段学生设计不同程度的编程教学，如何在跨学科情境下进行编程教学，以及如何评估编程学习结果等。虽然有不少国家尝试以各种形式在学校开展编程教育，但将编程教育全面纳入学校教育仍然只是一种趋势，仍有许多问题有待解决。这些问题主要集中在课程设置和教材编制方面，如有些国家推行国家课程计划，有些国家则鼓励地区或学校自主研发适应性课程，并且调动社会各利益相关者积极参与，政府、学校和市场协同合作，共创编程学习文化。同时，政府还需要在师资、教学资源等方面做精心准备，更需要获得社会各界的广泛支持与参与，才能将编程教育逐步纳入基础教育，使编程能力成为与“读、写、算”一样的文化基石。

在我国，2017年7月8日国务院颁布的《新一代人工智能发展规划》就提出：“实施全民智能教育项目，在中小学设置人工智能相关课程，逐步推广编程教育。”人工智能进学校、编程教育进课堂已上升为国家战略，我国积极鼓励各地区在基础教育阶段进行编程教育的探索。

本书作者利用 App Inventor与智能机器人和开源硬件融合作为在中小学生开展编程教育的有效载体。这是一项有益的尝试。

《App Inventor与智能机器人创意编程》和《App Inventor与开源硬件创意编程》两本书都基于积木式、图形化编程软件App Inventor进行编程学习，该软件具有门槛低、容易学、见效快等特点，非常适合中小学生使用。本书以中小学开展创客教育和STEM教育常用的智能机器人和开源硬件为配套教具，以软件与硬件相结合的方式开展编程教育，有助于培养学生的计算思维、设计思维、工程思维和创新思维能力，有利于学生手脑并用，激发学生的空间想象能力、创新思维能力和创造设计能力。本书在教学中引入了STEM教育和创客教育理念，在教学案例中以项目学习形式呈现，突出了项目学习、体验式学习和个性化学习等特点，能够帮助学生开展项目学习，完成项目目标。

本书是适合中小学校开展创客教育、STEM教育和人工智能教育的实用教程，突出了动手实操和编程教育，为中小学一线教师提供了可操作的、循序渐进的解决方案，为中小学生提供创“意”智造的学习范例。相信本书会受到众多读者的欢迎。

华南师范大学教育信息技术学院　教授　博士生导师

华南师范大学教育技术研究所　所长

李克东

前　言

近年来，随着“互联网+”、云计算、大数据、虚拟现实、物联网、区块链等新一代信息技术的快速发展，人工智能进一步上升为国家战略。2017年7月8日，国务院印发《新一代人工智能发展规划》，提出“实施全民智能教育项目，在中小学阶段设置人工智能相关课程，逐步推广编程教育。”而App Inventor与智能机器人创意编程正是中小学生开展编程教育的较好载体。App Inventor是由谷歌公司开发，并移交给麻省理工学院行动学习中心运营的一款手机在线编程软件。随着“互联网+”创客教育、STEAM教育和人工智能时代的到来，作者把App Inventor与智能机器人融合列为创客教育“三剑客”之一，在中小学STEAM教育和创客教育中进行了探索。STEM教育是20世纪80年代由美国人提出，包含四个学科：Science（科学）、Technology（技术）、Engineering（工程）、Mathematics（数学）。随后，在原有四科的基础上加入了Art（艺术）学科，多个学科相融合从而形成STEAM教育。创客教育是创客文化与教育的结合，基于学生兴趣，以项目学习的方式，使用数字化工具，倡导“造物”，鼓励分享，培养跨学科解决问题能力、团队协作能力和创新能力的一种素质教育。STEAM教育和创客教育都是基于项目和问题进行学习，让师生创客通过动手设计和深度体验，激发师生创客跨学科学习和创意智造的热情，从而培养师生创客的空间想象能力、创新思维能力和创造设计能力。师生创客通过玩中做、做中学、学中做、做中创，探索App Inventor与智能机器人融合在中小学人工智能、STEAM教育和创客教育中应用的有效途径。

App Inventor是一款积木式图形化程序编写软件。使用软件编程时，只需拖放积木式代码块，并将其按照一定的顺序进行叠加，再输入相应的参数和数据就可完成各种复杂功能程序的编写。将编好的APP程序通过扫描二维码的方式下载到移动设备上，安装后即可运行。该软件的学习和使用具有门槛低、容易学、见效快等特点，非常适合中小学生和安卓移动设备APP开发者使用。

本套丛书编写以习近平新时代中国特色社会主义思想为指导，全面深入贯彻党的十九大报告精神，坚持立德树人，根据中小学生的认知规律、关键能力培养规律和人才成长规律，以及教育部印发的《义务教育小学科学课程标准》《中小学综合实践活动课程指导纲要》和《普通高中课程方案和语文等学科课程标准（2017年版）》，设计本套丛书的知识结构和应用案例，引入STEAM教育和创客教育理念，突出其项目学习、体验式学习和个性化学习等创客学习的优势，培养学生计算思维、设计思维、工程思维和创新思维能力，激发学生的创造力和想象力，为发展学生的核心素养助力，培养一批掌握人工智能技能的复合型创新人才。

本书共有三章内容，包括App Inventor多媒体互动案例设计、App Inventor与EV3机器人融合、自定义数据库应用设计。内容编排遵循由易到难、由浅入深的原则，循序渐进地介绍App Inventor开发环境、环境搭建、APP程序设计和程序调试等过程，让学习者逐步了解App Inventor的基本理论知识和实践操作技能，为日后从事移动设备APP程序开发奠定基础。

本书中每章的“本章导言”叙述了本章的学习目的与方式、学习目标与内容，让学习者对整章有一个总体认识；通过“知识导图”把本章的主要内容及相互关系描述出来，有助于学习者建立自己的知识结构。

每节设置了“情境导入”“项目目标”“项目探究”“成果交流”“项目实践”“知识拓展”等学习栏目，指导学习者开展项目学习活动。通过“情境导入”引入本节的项目主题；通过“项目目标”明确本节需要完成的项目任务，通过“项目探究”完成本项目APP程序的设计过程；通过“成果交流”向同伴展示和交流项目成果；通过“项目实践”体现项目学习过程中所获得的知识和技能来完成项目方案；通过“知识拓展”来拓展读者的知识面，了解更多与本项目相关的新技术、新科技和新领域。全书图文并茂、讲解细致，内容层次分明、由浅入深，并配有大量的操作截图以帮助理解。

本册由王同聚、梁展锋、桂建婷、郑妍钰担任主编，完成了对全书的整体策划、体例设计、案例重构、内容编写和统稿完善等工作。在此对大家付出的辛勤劳动表示衷心的感谢！感谢广州市教育局2019年青少年科技教育项目对本书的出版提供了资助！感谢广东教育出版社的编辑们对本书的编辑、出版所付出的辛勤劳动！

本书供中小学生、高校学生、中小学教师、家长，以及从事智能机器人、STEAM教育、创客教育和人工智能等的教育工作者使用。

由于作者水平有限，时间仓促，书中难免存在疏漏与错误之处，恳请广大读者批评指正！

编　者

2019年3月

目录 Contents

第一章
App Inventor 多媒体互动案例设计

·本章导言·

本章主要简单介绍App Inventor的基础知识和编程方法，通过建立案例Hello AI，了解如何新建项目、与手机连接调试以及App Inventor各模块的功能。“宝宝学英语”和“我爱五线谱”这两个案例，可以帮助学生了解如何使用App Inventor编程制作多样化的APP。

·知识导图·

App Inventor 多媒体互动案例设计

1. App Inventor 软件介绍——Hello AI
2. App Inventor 入门基础知识——宝宝学英语
3. App Inventor 入门案例——我爱五线谱
4. App Inventor 入门案例——加减计算器

1.1 App Inventor 软件介绍——Hello AI

App Inventor2如何新建项目呢？有哪些模块呢？如何将做好的APP与手机连接并进行调试呢？本节将通过Hello AI这个项目，介绍App Inventor2的基础知识和连接方法。

❶学会用App Inventor2新建项目和基本使用方法。

❷学习App Inventor2与安卓设备连接和调试的方法。

『1.1.1 开发环境』

App Inventor 有在线开发环境和离线开发环境。离线开发环境适合于单机调试。App Inventor在线开发环境：广州市教育科研网App Inventor服务器地址http://app.gzjkw.net。

『1.1.2 环境搭建』

1．进入国内App Inventor代理服务器http://app.gzjkw.net/login/，注册账号后即可登录。

2．登录后即可进入App Inventor2开发环境，如图1-1-1所示。单击界面左上角的“新建项目”，打开新的对话框，在对话框中输入新项目名称helloai，如图1-1-2所示。注意：App Inventor2中的项目名称只能输入英文和数字。

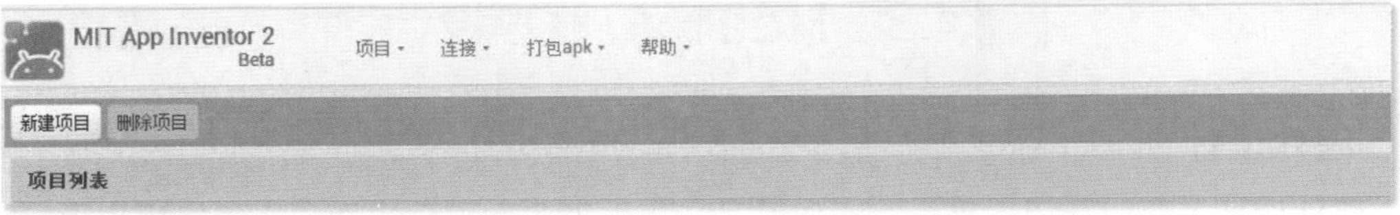

MIT App Inventor 2
Beta
项目 · 连接 · 打包apk · 帮助 ·
新建项目 删除项目
项目列表

图 1–1–1　主界面

新建项目...
项目名称: helloai
取消　确定

图 1–1–2　新项目名称

3．App Inventor2会自动打开新建项目，进入编辑界面。单击右上角可进入组件设计和逻辑设计界面，界面模块分区如图1–1–3和图1–1–4所示。

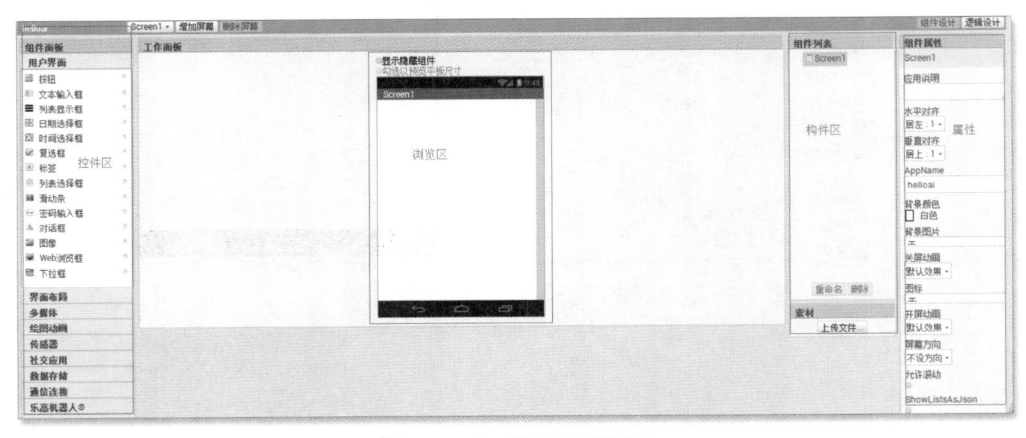

图 1–1–3　组件设计界面

图 1–1–4　逻辑设计界面

『 1.1.3 Hello AI 程序设计 』

一、组件设计

组件设计主要包括用户界面、工作面板、组件列表和组件属性。在编辑用户界面时，将所需要的组件从用户界面区，拖到工作面板的浏览区，再单击组件列表对应的组件，就可以在组件属性界面对其属性进行设置了。

1. 本项目需要的组件有标签和按钮。以标签为例，在左侧点击“用户界面”中的“标签”，点击鼠标左键将其拖入到Screen窗口，如图1–1–5所示。Screen窗口中的可视化组件可以在手机屏幕上直接显示出来。

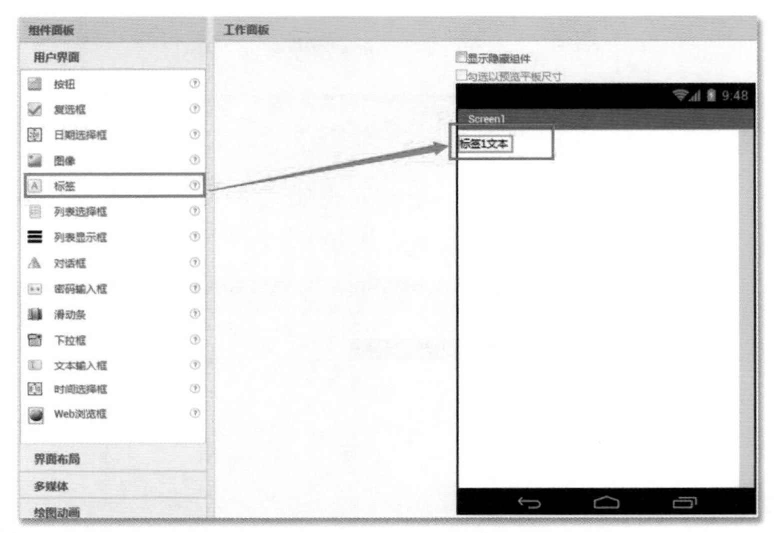

图 1–1–5　标签组件设计

2. 组件可以在组件列表中显示，单击即可作属性修改，也可重命名和删除。标签组件的内容在组建属性里的“文本”框中设置，使用者看到的是最终输出效果，不能修改里面的内容，也不会触发事件。在本例中，我们将其文本显示内容修改为“hello，morning AI”，如图1–1–6所示。

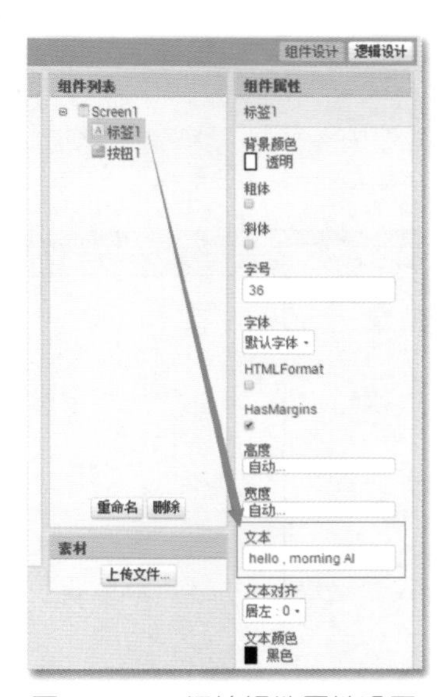

图 1–1–6　标签组件属性设置

3．同理可操作其余组件属性设置，具体属性设置如表1–1–1所示。

表1–1–1　组件属性设置

组件	所属面板	命名	作用	属性	属性值
Screen1			界面设置	屏幕方向	锁定横屏
				水平对齐	居左
				垂直对齐	居上
标签	用户界面	标签1	等待点击	文本	hello，morning AI
按钮	用户界面	按钮1	等待点击	文本	请点击

4．APP界面设计如图1–1–7所示。

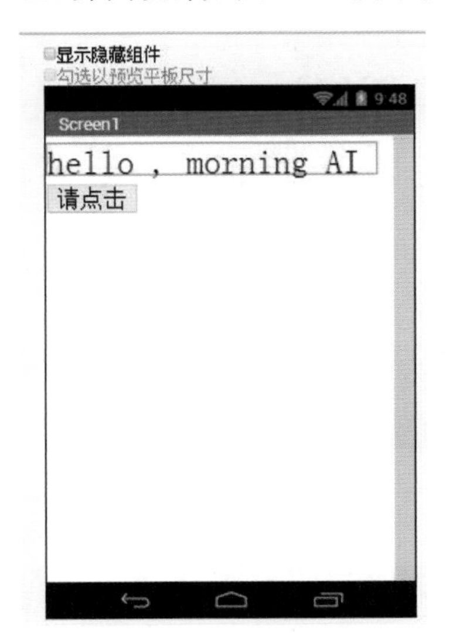

图1–1–7　界面设计效果图

二、程序设计

逻辑编辑包括模块区、资源区和设计区。在设计时，将所需要的模块区的程序语言，拖入设计区进行组合，即可编辑程序。

1．进入逻辑编辑界面，单击模块区的按钮模块，选择“当按钮1被点击，执行”模块，拖入设计区，如图1–1–8所示。

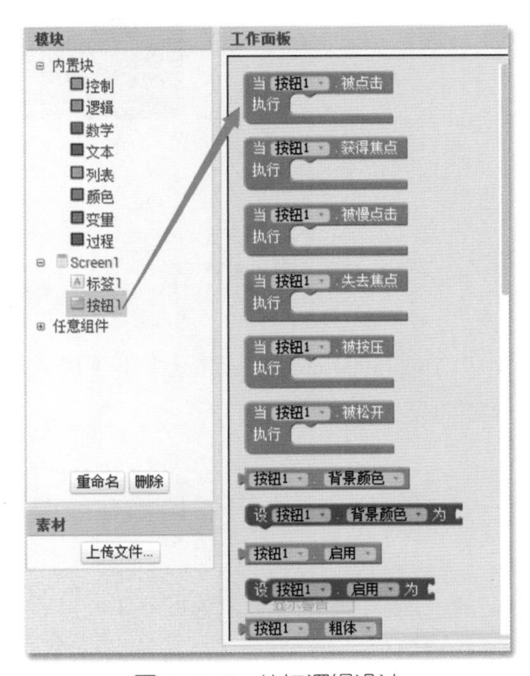

图1–1–8　按钮逻辑设计

2．单击模块区的标签模块，选择“设标签1文本为”模块，拼接到上一语言模块，如图1-1-9所示。

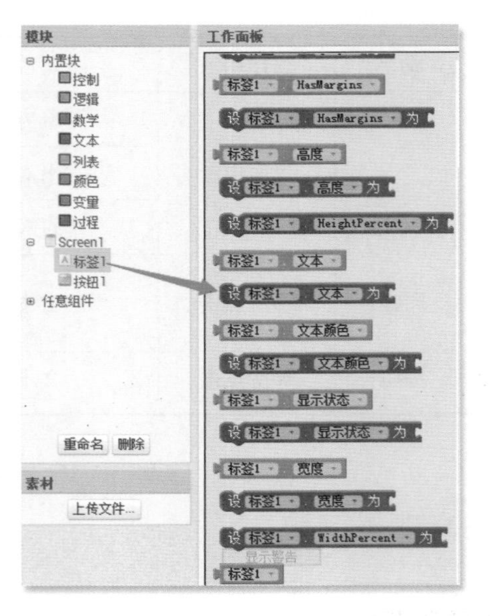

图 1-1-9　标签逻辑设计

3．最终程序设计如图1-1-10所示，该指令表示：当按钮1被点击时，标签1的文本为“早上好”，字号为18，文本颜色为红色。

当 按钮1 .被点击
执行 设 标签1 . 文本 为 “ 早上好! ”
设 标签1 . 字号 为 18
设 标签1 . 文本颜色 为

图 1-1-10　标签逻辑设计案例

〖 1.1.4　App Inventor2 调试方法 〗

App Inventor2 与安卓设备（手机或者平板电脑）的调试方法有以下三种：

一、App Inventor 开发伴侣在线调试（以手机为例）

1．App Inventor开发伴侣简称AI伴侣，单击菜单中“帮助”下的“AI同伴信息”，如图1-1-11所示，利用手机扫描二维码下载AI伴侣。

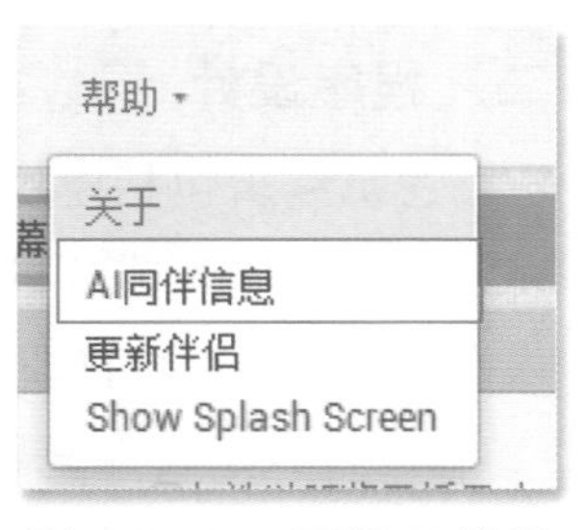

图 1-1-11　下载 AI 伴侣

2. 将手机和计算机连接到同一无线网络，这样APP才能在手机上进行调试。单击菜单中“连接”下的“AI伴侣”，出现二维码，如图1-1-12所示。

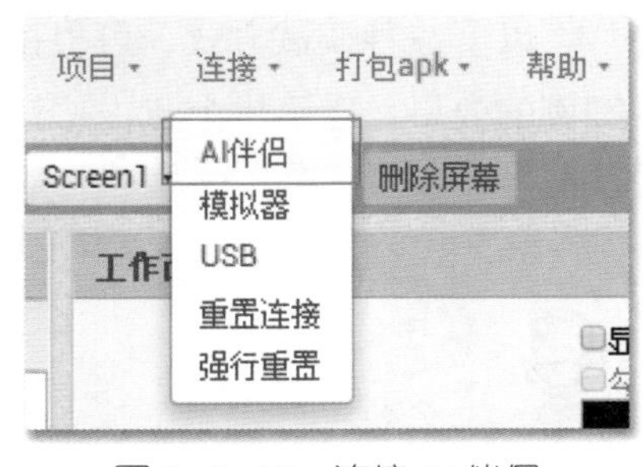

图 1-1-12　连接 AI 伴侣

图 1-1-13　扫描二维码

3. 打开手机上的MIT App Inventor2 Companion，单击scan QR code扫描二维码，或单击connect with code，输入6位数，手机上就可以显示编写好的APP，如图1-1-13所示。

以上介绍的这种方法最为方便，本书推荐这种方式。

二、打包 apk 下载

在没有无线网络的情况下，可以选择单击菜单中“打包apk”下的“打包apk并下载到电脑”，如图1-1-14所示，再通过USB线，将下载好的apk上传到手机并安装，安装好后即可调试。

图 1-1-14　打包 apk

三、模拟器

在没有安卓设备的情况下，可以使用模拟器来进行调试。

1. 在计算机中安装App Inventor Setup软件（下载网址：http://appinv.us/aisetup_windows）。

2. 运行App Inventor Setup软件，打开App Inventor项目并连接，选择“模拟器”，如图1-1-15所示。在选择模拟器后会出现对话框，表示正在连接模拟器，完成后就会出现模拟器。模拟器启动后就会显示创建好的APP。

图 1-1-15　连接模拟器

以上三种调试方式，可根据个人情况选择一种进行调试，调试后就可以在手机出现本案例的效果：在手机上点击按钮，出现红色字体“早上好！”。

通过该项目程序的设计，请同学们分组讨论：App Inventor有多少个模块？有多少种调试方法？

在刚才的案例中，我们点击按钮时出现了文本。试着导入一张图片，尝试编写在点击按钮时出现图片的程序设计。

提示：运用图片属性中的“显示”与“隐藏”。

App Inventor——一款手机APP开发软件

App Inventor原是谷歌实验室（Google Lab）的一个子计划，由一群谷歌工程师和勇于挑战的谷歌使用者共同参与。Google App Inventor是一个完全在线开发的安卓编程环境，抛弃复杂的程序代码而使用积木式的堆叠法来完成安卓程序。除此之外，它还支持乐高NXT机器人，对于初学者或是机器人开发者来说是一大福音。因为对于想要用手机控制机器人的使用者而言，他们不需要太华丽的界面，只要使用基本元件（例如按钮、文字输入输出等即可）。

App Inventor于 2012年1月1日移交给麻省理工学院行动学习中心，并已于当年3月4日公布使用。

开发一个App Inventor程序，从我们的浏览器开始。首先，需要设计程序的外观。其次，是设定程序的行为，这部分就像玩乐高积木一样简单有趣。最后，只要将手机与电脑连接，刚编好的程序就会出现在我们的手机上了。

1.2 App Inventor 入门基础知识——宝宝学英语

如今，移动学习已经非常普遍，人们经常用手机APP来学习各种知识。本节，我们用App Inventor来制作一个在手机上学习英语单词的APP项目，用最贴近母语的学习方式，让小朋友在游戏中不知不觉地接触英语，逐步加深对英语的印象。此APP项目，要求点击“上一页”和“下一页”可以实现卡片翻页；当点击屏幕上的动物卡片时，可以读出图片对应的英文单词。

❶学习全局变量、条件语句和循环语句的定义及调用方式。

❷学习图片、音频素材的导入及调用方法。

❸使用文本合并、音频播放器、按钮等组件进行组件设计和逻辑设计。

『 1.2.1 环境搭建和素材导入 』

一、环境搭建

进入国内App Inventor代理服务器http://app.gzjkw.net/login/，运行App Inventor，单击界面左上角的“新建项目”，输入新项目名称。

二、素材导入

本APP需要准备10张图片和10段配图的英语发音音频。配图的音频可以使用Windows

自带录音机录制金山词霸的英语发音，生成.wma格式的文件。

将10张图片分别命名为1.jpg，2.jpg，…，10.jpg，如图1-2-1所示。图片对应的英语发音音频命名为1.wma，2.wma，…，10.wma，如图1-2-2所示。点击“导入”按钮，分别导入准备好的10张图片和配套的10段音频。素材文件必须单独导入，不支持批量导入。

图1-2-1　导入图片

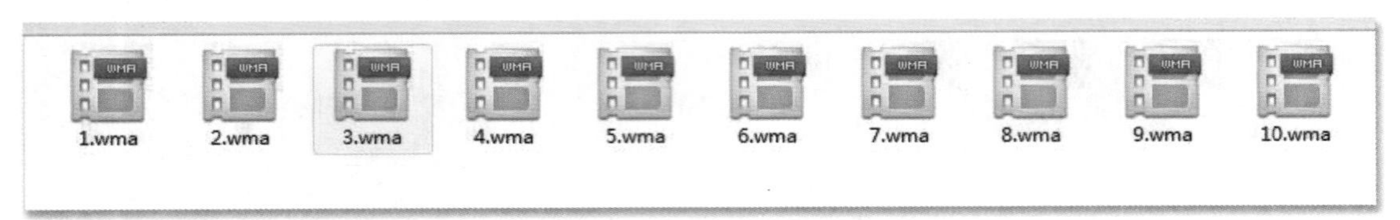

图1-2-2　导入音频

1.2.2　APP程序设计

一、程序流程图

实现“宝宝学英语”APP程序的编写，需要用到循环语句和条件判断语句，其程序流程图如图1-2-3所示。

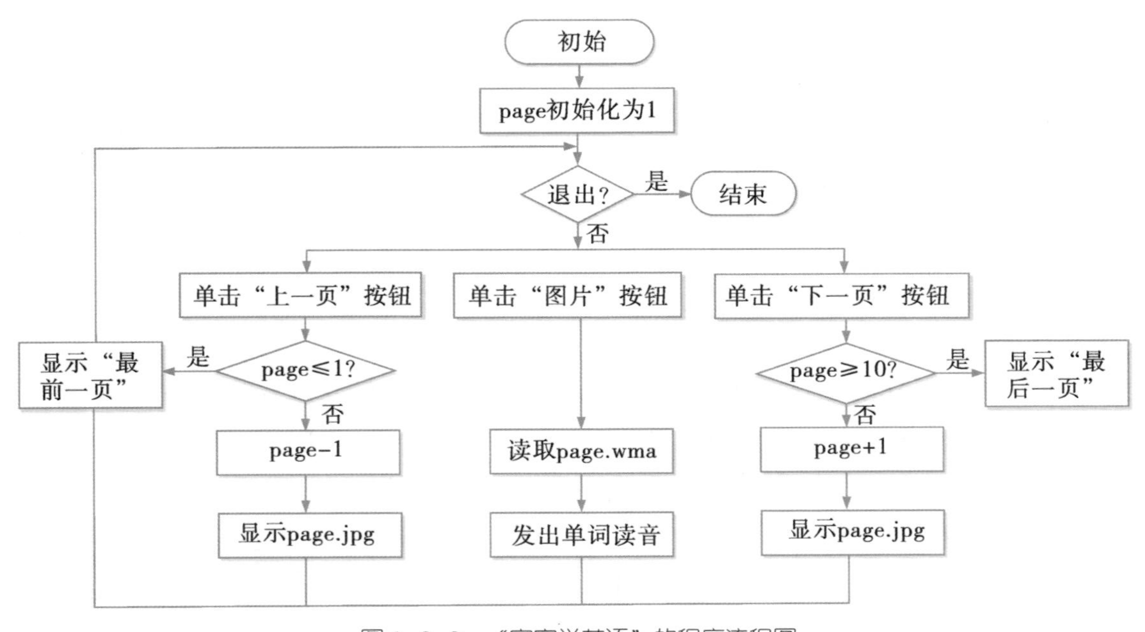

图1-2-3　“宝宝学英语”的程序流程图

二、组件设计

（一）组件属性设置

本节需要的组件主要有按钮、标签和音频播放器，它们的属性设置如表1-2-1所示。

表1-2-1 组件属性设置

组件	所属面板	命名	作用	属性	属性值
Screen1			界面设置	标题	English
				屏幕方向	锁定横屏
				背景颜色	橙色
				水平对齐	居左
				垂直对齐	居上
表格布局	界面布局	界面布局	用于放置按钮和图片	列数	3
				行数	3
				宽度	90 percent
按钮	用户界面	prev	等待点击	文本	上一页
按钮	用户界面	next	等待点击	文本	下一页
按钮	用户界面	按钮1	等待点击	文本	空白
				图像	1.jpg
				高度、宽度	60 percent
标签	用户界面	标签1	标签1	文本	宝宝学英语
标签	用户界面	提示	提示	文本	空白
音频播放器	多媒体	音频播放器1	播放音频	源文件	1.wma
				音量	100

（二）屏幕界面组件布局

1．新建项目。

设置项目“屏幕方向”为“锁定横屏”，“背景颜色”为“橙色”。

2．在工作面板插入一个“三行三列”的表格作为布局。

在第一行第二列单元格，插入一个“文本标签”，将“文本标签”文字修改为“宝宝学英语”。

在第二行第二列单元格，插入一个按钮，将按钮属性中的“图像”定义为“1.jpg”，并将按钮中的文字删除。

在第三行第一列和第三列单元格，分别插入两个按钮，分别设置按钮文本为“上一页”和“下一页”，并将两个按钮分别重命名为“prev”和“next”。

在第三行第二个单元格，插入一个“文本标签”，将文本标签中的文字改为“提示”。

3．插入组件“音频”中的“音频播放器”。

将“音频播放器”源文件定义为“1.wma”。

APP界面设计和相关组件如图1–2–4和图1–2–5所示。

图 1–2–4　组件效果图

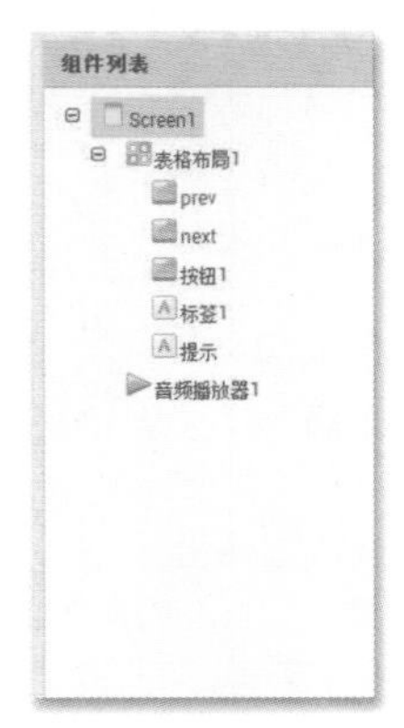

图 1–2–5　组件列表

三、程序设计

1．设置全局变量。

定义全局变量名为“page”，将其值初始化为“1”，如图1–2–6所示。

初始化全局变量 page 为 1

图 1–2–6　全局变量初始化

2．设置按钮程序。

设置“next”按钮程序。当点击next按钮时，先判断全局变量“page”是否大于等于10，如果是，则设置“提示”标签为“最后一页”；如果否，则变量“page”加1，然后调用文本合并“page”+“.jpg”，赋值到按钮图像中，如图1–2–7所示。

当 next .被点击
执行 如果 取 global page ≥ 10
则 设 global page 为 9
设 提示 . 文本 为 “最后一页”
设 global page 为 取 global page + 1
设 按钮1 . 图像 为 合并文本 取 global page “.jpg”

图 1–2–7　下一页按钮逻辑设计

“prev”按钮的逻辑设计与“next”按钮类似。只需将每一次全局变量“page”+“1”改为“page”-“1”，并将提示文本改为“最前一页”，如图1-2-8所示。

```
当 prev .被点击
执行 如果 取 global page ≤ 1
     则 设 global page 为 2
        设 提示 . 文本 为 “最前一页”
     设 global page 为 取 global page - 1
     设 按钮1 . 图像 为 合并文本 取 global page
                              “.jpg”
```

图1-2-8 上一页按钮逻辑设计

3. 设置朗读功能模块。

当用户点击图片时（其实是点击图片所在的按钮），就使用文本合并功能，“page”+“.wma”调用当前变量“page”所对应的音频，完成朗读功能模块的设置，如图1-2-9所示。

```
当 按钮1 .被点击
执行 设 音频播放器1 . 源文件 为 合并文本 取 global page
                                  “.wma”
     调用 音频播放器1 .开始
```

图1-2-9 音频播放器逻辑设计

四、程序调试

打开App Inventor开发伴侣，将它与手机连接，具体步骤请查看第一节的内容。

当用户点击“上一页”或“下一页”时，APP能实现翻页，并且在最后一页和第一页的时候分别提示“最后一页”和“最前一页”。点击图片，APP能朗读相应的英文单词。

通过该项目程序的设计，请同学们分组讨论：用App Inventor设计一个手机APP程序需要经过哪几个环节？

1. 如何调用手机自带的TTS语音文本转换，让APP合成语音发声，而不需要人工导入每个英语单词发音？

提示：用语音合成模块，调用系统自带TTS语音文本转换，如图1-2-10所示。

图 1-2-10　语音文本转换

2. 参照“宝宝学英语”APP的设计，同学们能否设计一个“小小朗诵家”的APP？其功能如下：当在文本输入框输入文字时，APP能完整朗读这些文字，辅助同学们练习文字的发音。

提示：调用文本语音转换器板块，念读文本内容。

APP是什么

APP也就是应用软件的意思，是英文Application的简称，通常是指手机应用，即智能手机的第三方应用程序。

最初，应用软件只是作为一种第三方应用的合作形式参与到互联网商业活动中。随着互联网越来越开放，应用软件开发作为一种盈利模式开始被更多的互联网投资者看重，一方面可以积聚各种不同类型的网络受众，另一方面借助APP平台可以获取流量，其中包括大众流量和定向流量。

随着智能手机和平板电脑等移动终端设备的普及，人们逐渐习惯了使用应用客户端上网的方式，而目前国内各大电商均拥有了自己的应用客户端。这标志着应用客户端的商业使用，已经初露锋芒。

开发一个APP必须想清楚以下几点：明确使用目的、设计用户界面、定义交互方式、部署用户行为、考虑数据存储。

1.3 App Inventor 入门案例——我爱五线谱

五线谱是目前世界上通用的记谱法，是在5根等距离的平行横线上，标以不同时值的音符及其他记号来记载音乐的一种方法。利用五线谱APP，可以演奏出不同的音乐。现在，我们用App Inventor来制作一款帮助学生学习五线谱的应用，只要点击五线谱上的某一个音符，手机就可以发出该音符的美妙声音。

❶学习按钮的定义及调用方式。

❷学习图片、音频素材的导入及调用方法。

❸使用音频、按钮等组件进行组件设计和逻辑设计。

『 1.3.1 环境搭建和素材导入 』

一、环境搭建

进入国内App Inventor代理服务器http://app.gzjkw.net/login/，运行App Inventor，单击界面左上角的“新建项目”，输入新项目名称。

二、素材导入

本APP共有15个音符，所以需要准备15张图片和15个声音文件。APP所有的图片素材都是通过图片切片而成。每一个音符声音的采集用“overture”软件进行声音合成和录制，避免环境噪声。点击“导入”按钮，分别导入准备好的图片和配套的音频，图片素材如图1-3-1所示。素材文件必须单独导入，不支持批量导入。

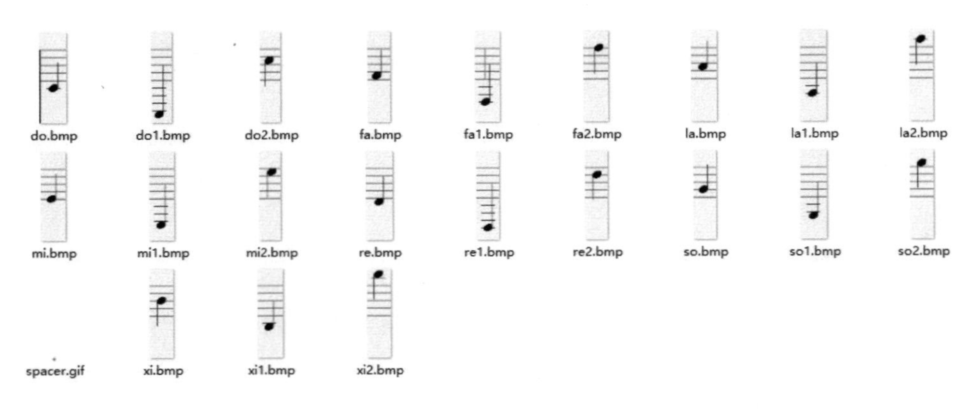

图 1-3-1　导入素材

『 1.3.2　APP 程序设计 』

一、程序流程图

实现“我爱五线谱”APP程序的编写，需要用到循环语句，其程序流程图如图1-3-2所示。

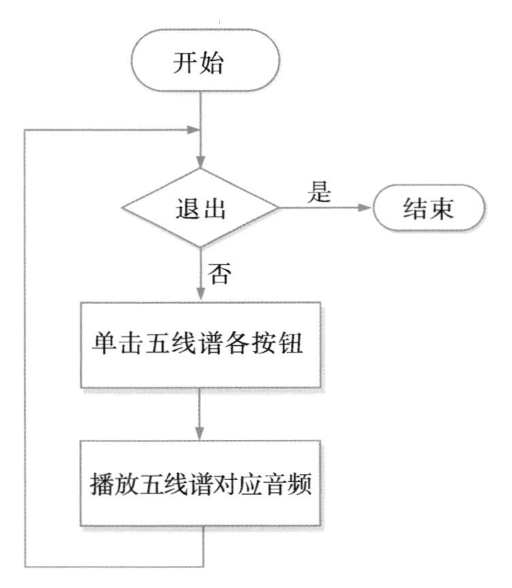

图 1-3-2　“我爱五线谱”的程序流程图

二、组件设计

（一）组件属性设置

本节需要的组件主要有按钮、表格布局和音效。在软件中共有15个音符，要让它们整齐排列，需设置一个15列的表格，每一列放置一个音符。

表格布局后，在用户界面拖出15个按钮，并对应15张图片素材，属性设置按照表1-3-1所示进行设置。

表1-3-1　组件属性设置

组件	所属面板	命名	作用	属性	属性值
Screen1		Doremi1	界面设置	AppName	doremi
				屏幕方向	锁定横屏
				背景图片	bk.bmp
				水平对齐	居中
				垂直对齐	居上
TextBox1	用户界面	Textbox1	用于放置标题	对齐	居中
				文本	我爱学习五线谱
				宽度	200像素
表格布局	界面布局	table	放置音符	列数	15
				行数	1
按钮	用户界面	do1，re1，mi1，fa1，sol，la1，xi1，do，re，mi，fa，so，la，xi，do2	等待点击	宽度	30像素
				图片	每个按钮对应do1.bmp，re1.bmp，mi1.bmp，fa1.bmp，so1.bmp，la1.bmp，xi1.bmp，do.bmp，re.bmp，mi.bmp，fa.bmp，so.bmp，la.bmp，xi.bmp，do2.bmp的图片
				文本对齐	居中
多媒体	音效	Sound1，…，sound15	等待播放	最小间隔	500
				源文件	对应Do1.wav，re1.wav，mi1.wav，fa1.wav，so1.wav，la1.wav，xi1.wav，do.wav，re.wav，mi.wav，fa.wav，so.wav，la.wav，xi.wav，do2.wav的音频

（二）屏幕界面组件布局

屏幕组件相对应的关系如图1-3-3和图1-3-4所示。

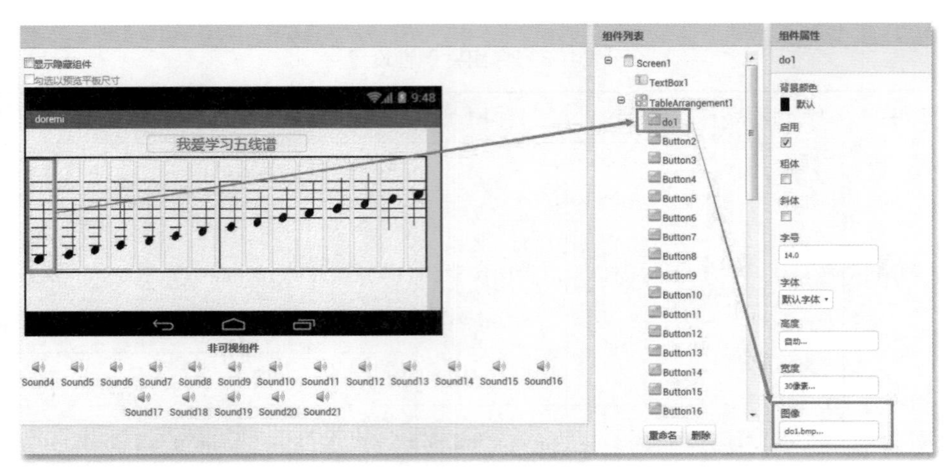

图 1-3-3　组件属性关系图

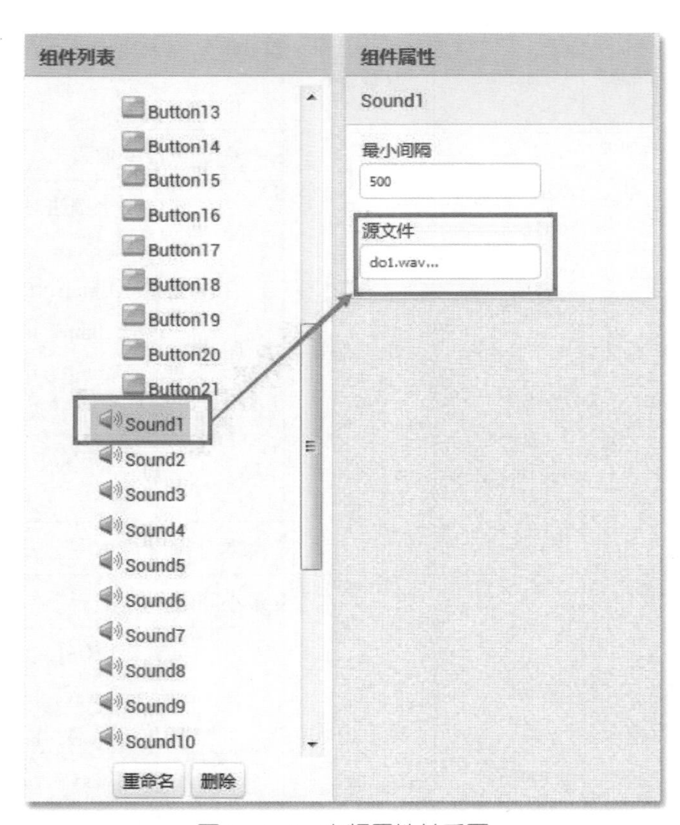

图 1-3-4　音频属性关系图

APP界面设计和相关组件如图1-3-5和图1-3-6所示。

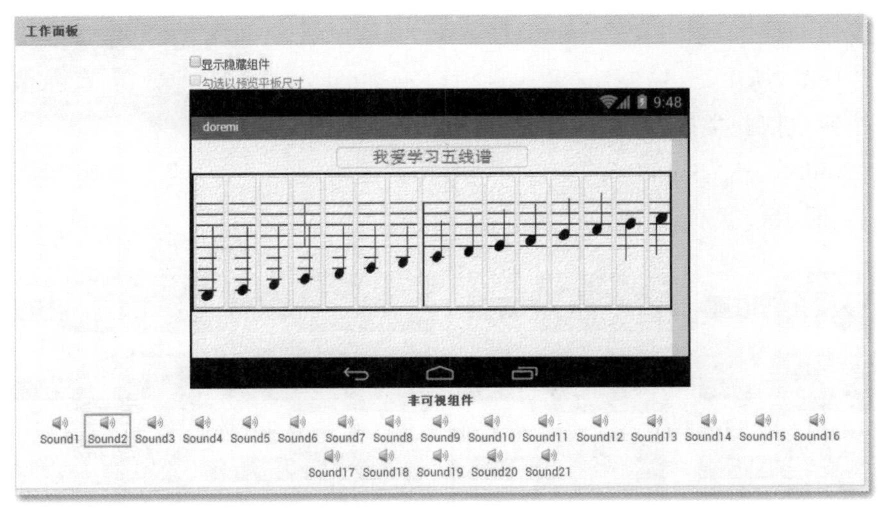

图 1-3-5　界面设计效果图

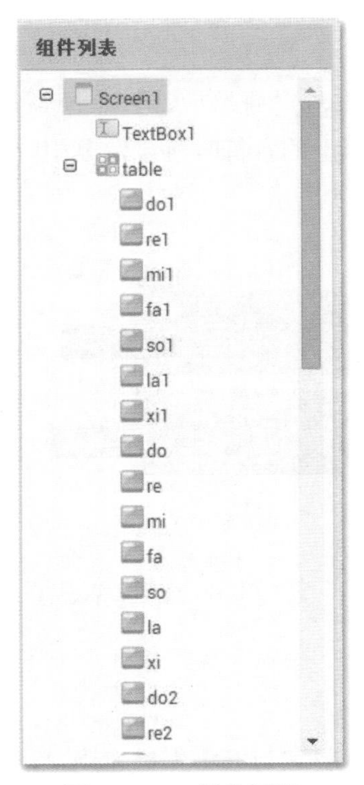

图 1-3-6　组件列表

三、程序设计

（一）按钮的设计

单击按钮do1时，调用音效Sound1播放。do1按钮逻辑设计如图1-3-7所示。

图1-3-7　do1 按钮逻辑设计

其他按钮也依此类推，设置当按钮被点击时，调用Sound2，Sound3，…，Sound15的音效。所有按钮逻辑设计如图1-3-8所示。

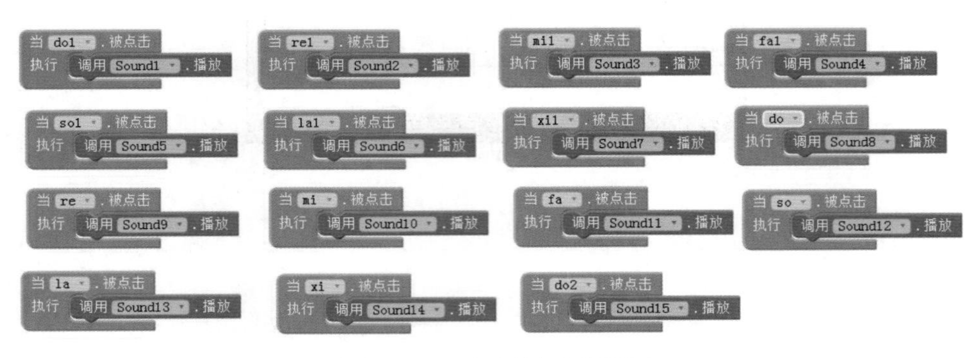

图1-3-8　所有按钮逻辑设计

（二）按钮焦点的设计

当未设置按钮焦点时，会发现触碰反应比较迟钝，只有用手指点击时，才会发出声音，如果要达到当手指掠过屏幕上的音符时就会发出相应声音的效果，需要增加鼠标聚焦功能，按钮焦点的设计如图1-3-9所示。

图1-3-9　按钮焦点设计

四、程序调试结果

打开App Inventor开发伴侣，将它与安卓手机连接，具体步骤请查看第一节的内容。测试当点击五线谱上的每一个音符时，手机上是否会发出相应的声音，按钮使用是否灵敏，反复调试达到较好效果。

同学们分组讨论：用App Inventor设计“我爱五线谱”APP时，遇到了哪些困难？最终是如何解决这些难题的？

在完成五线谱APP的设计后，同学们能否自制一个模仿吉他或其他弹奏类乐器演奏的APP？

提示：界面设计和组件设计使用吉他或者其他弹奏类乐器的图片和音乐素材，逻辑设计与五线谱APP类似。

五线谱简介

五线谱是目前世界上通用的记谱法，是在5根等距离的平行横线上标以不同时值的音符及其他记号来记载音乐的一种方法。五线谱最早的发源地是古希腊，它的历史要比数字形的简谱早得多。在古希腊，音乐的主要表现形式是声乐。到了古罗马时代，开始流行另一种符号来表示音的高低，这种记谱法称为“纽姆记谱法”。五线谱示意图如图1-3-10所示。

图1-3-10　五线谱示意图

1.4 App Inventor 入门案例——加减计算器

计算器是生活中必不可少的工具之一。计算器可以应用于多种生产场景中，如计算生产成本、买卖东西等。使用计算器进行数字计算，方便快捷且不易出错。今天，我们就用App Inventor来制作一款计算结果在限定范围内的加减法计算器。

❶学习全局变量、条件语句和循环语句的定义及调用方式。

❷学习图片、音频素材的导入及调用方法。

❸使用文本合并、音频播放器、按钮等组件进行组件设计和逻辑设计。

『 1.4.1 环境搭建及素材 』

进入国内App Inventor代理服务器http://app.gzjkw.net/login/，运行App Inventor，单击界面左上角的“新建项目”，输入新项目名称。本项目开发无须素材。

『 1.4.2 APP 程序设计 』

一、组件设计

本节需要的组件主要有按钮、标签，它们的属性设置如表1–4–1所示。

表1-4-1　组件属性设置

组件	所属面板	命名	作用	属性	属性值
Screen1			界面设置	标题	Screen1
				屏幕方向	锁定竖屏
				背景颜色	白色
				水平对齐	居左
				垂直对齐	居上
表格布局	界面布局	表格布局1	用于放置按钮和图片	列数	5
				行数	4
				宽度	99 percent
标签	用户界面	first	用于输入第一个加减数字	文本	空白
				宽度	50像素
标签	用户界面	Jiajian	用于显示“+”“-”运算符	文本	+、-
				宽度	50像素
标签	用户界面	second	用于输入第二个加减数字	文本	空白
				宽度	50像素
标签	用户界面	shuru	用于显示运算结果	文本	空白
				宽度	50像素
按钮	用户界面	提交	用于等待点击“提交”	文本	提交
				宽度	65像素
				文本对齐	居中
按钮	用户界面	kaishi	用于等待点击“出题”	文本	出题
				文本对齐	居中
标签	用户界面	fenshu	用于显示实际得分	文本	空白
				宽度	50像素
标签	用户界面	defen	用于显示“得分”文本	文本	得分：
				文本对齐	居左
标签	用户界面	dengyu	用于显示“=”运算符	文本	=
				宽度	20像素
标签	用户界面	fanwei	用于显示“20”的文本	文本	空白20
				宽度	30像素
标签	用户界面	biaoti1	用于显示“设置”文本	文本	设置
标签	用户界面	biaoti2	用于显示“以内加减法”文本	文本	以内加减法

APP界面设计和相关组件如图1-4-1和图1-4-2所示。

图 1-4-1　界面设计效果图

图 1-4-2　组件列表

二、程序设计

1．初始化全局变量第一个加减数first、第二个加减数second、加减符号jiajian、已出题yichuti、得分deshu、分数结果fenshu、判断变量panduan、提交的值为0，如图1-4-3所示。

图1-4-3　全局变量初始化

2．当点击“开始”按钮时，判断是否已经出过题目，防止学生重复出题。如果没有出过题，即“yichuti”变量的值为0，则调用出题的过程。出完题之后，“yichuti”的变量设为1。如果已经出题，就不再调用出题的过程。是否出题判断如图1-4-4所示。

图1-4-4　是否出题判断

3．设置出题过程：设置“提交”按钮为0，如为1，则表示学生已经提交了此题。由于题目可能是加法也可能是减法，当变量是0时，调用“jiafa”的过程；当变量是1时，调用“jianfa”的过程。当调用“jiafa”的过程时，“first”的文本为加数，“second”的文本为被加数，中间的符号为“+”，并用文本语音转换器读出结果。同理设置调用“jianfa”过程。出题过程判断如图1-4-5所示。

```
定义过程 chuti
执行语句 设置 global 提交 为 0
        设置 global jiajian 为 随机整数从 0 到 1
        如果 取 global jiajian = 0
        则 调用 jiafa
           设置 first . 文本 为 取 global first
           设置 second . 文本 为 取 global second
           设置 jiajian . 文本 为 " + "
           调用 文本语音转换器1 .念读文本
                            消息 合并字符串 取 global first
                                            " 加 "
                                            取 global second
                                            " 等于 "
        如果 取 global jiajian = 1
        则 调用 jianfa
           设置 first . 文本 为 取 global first
           设置 second . 文本 为 取 global second
           设置 jiajian . 文本 为 " - "
           调用 文本语音转换器1 .念读文本
                            消息 合并字符串 取 global first
                                            " 减 "
                                            取 global second
                                            " 等于 "
```

图 1-4-5　出题过程判断

4．设置加（减）法过程：设置两个加数为1~20的随机数，当两数相加的和大于范围“20”，则重新随机生成这两个加数。当两个加数的和在范围“20”以内，则将此结果作为两相加数的和。同理设置减法过程。加、减法过程如图1-4-6和图1-4-7所示。

```
定义过程 jiafa
执行语句 设置 global first 为 随机整数从 1 到 fanwei . 文本
        设置 global second 为 随机整数从 1 到 fanwei . 文本
        当 满足条件 取 global first + 取 global second > fanwei . 文本
        执行 设置 global first 为 随机整数从 1 到 fanwei . 文本
             设置 global second 为 随机整数从 1 到 fanwei . 文本
        设置 global deshu 为 取 global first + 取 global second
```

图 1-4-6　加法过程

图 1–4–7　减法过程

5. 当点击提交按钮，判断“panduan”的变量并调用“panduan”的过程。如果用户输入的结果和程序的结果一致，就加5分（每答对一题得5分），并用语音转换器读出结果“正确！你真棒。”和分数。如果该题答对，“panduan”的变量设为1，用户无法再次提交。用户答完题之后，可以重新出题。当输入错误时，语音提示“再想想”。提交按钮和判断过程如图1–4–8和图1–4–9所示。

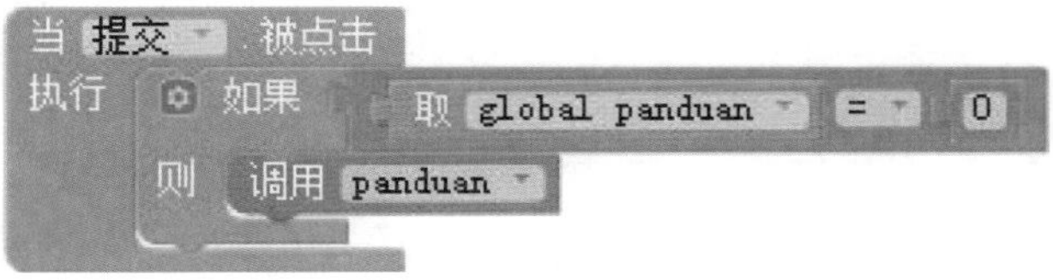

当 提交 被点击
执行 如果 取 global panduan = 0
则 调用 panduan

图 1–4–8　提交按钮

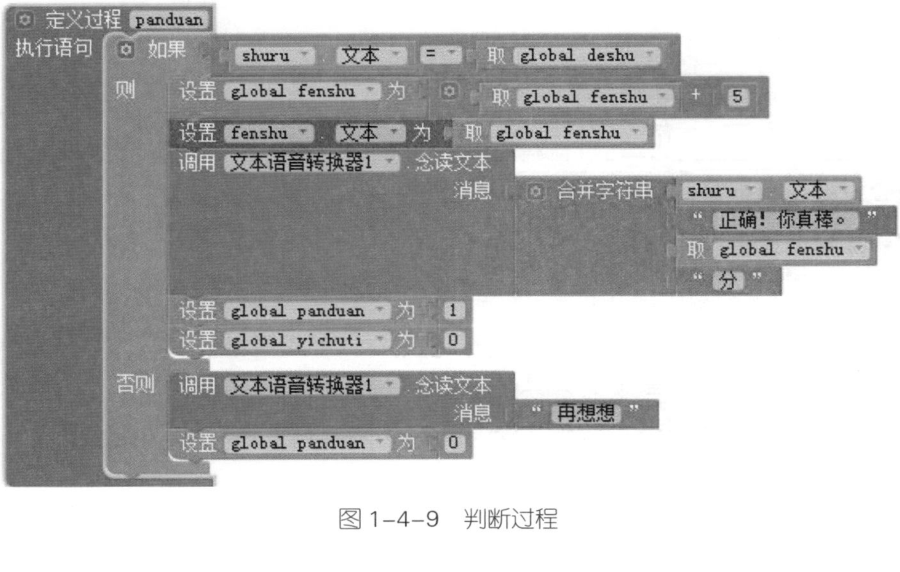

定义过程 panduan
执行语句 如果 shuru 文本 = 取 global deshu
则 设置 global fenshu 为 取 global fenshu + 5
设置 fenshu 文本 为 取 global fenshu
调用 文本语音转换器1 念读文本
消息 合并字符串 shuru 文本
“正确！你真棒。”
取 global fenshu
“分”
设置 global panduan 为 1
设置 global yichuti 为 0
否则 调用 文本语音转换器1 念读文本
消息 “再想想”
设置 global panduan 为 0

图 1–4–9　判断过程

三、调试结果

打开App Inventor开发伴侣，将它与安卓手机连接。如果用户输入的第一个加（减）数和第二个加（减）数的运算结果在20以内，并且答案正确，该题得5分，依次累计。如果运算结果不在20以内或者答案错误，则重新出题。

同学们展开讨论：在设计这个计算器时，遇到了哪些问题？是如何解决的？

利用App Inventor设计一个包含四则运算的计算器。

提示：四则运算包括加、减、乘、除四种运算。本案例列出了“加法”和“减法”的子程序，那“乘法”和“除法”也可以模仿“加法”“减法”做出来。不同的是，在选择运算方法的随机函数上，要将范围变成1~4。请同学们想想为什么。

计算器的由来

中国古代最早采用的一种计算工具叫筹策，又被叫作算筹。这种算筹多用竹子制成，也有用木头、兽骨充当材料的，约二百七十枚一束，放在布袋里可随身携带。直到今天仍在使用的珠算盘，是中国古代计算工具领域中的另一项发明，明代时的珠算盘已经与现代的珠算盘几乎相同。

1642年，法国科学家发明了第一部机械式计算器，在计算器中有一些互相连锁的齿轮，人们可以像拨电话号码盘那样，把数字拨进去，计算结果就会出现在另一个窗口中，但是只能做加减计算。1694年，德国科学家将其改进成可以进行乘除运算的计算器。此后，一直到20世纪50年代末，电子计算器才开始出现。

第二章
App Inventor 与 EV3 机器人融合

· 本章导言 ·

EV3 机器人是乐高推出的最新一代 Mindstorms 可编程智能机器人产品，App Inventor 通过 EV3 机器人模块可以很方便地直接控制机器人的运动。当 App Inventor 遇上 EV3 机器人，不仅可以帮助学生们拓展手机程序的应用，也能培养学生动手解决问题的能力，更好地将科学、编程技术和工程结合在一起，产生更多有创意的移动应用。

· 知识导图 ·

App Inventor 与 EV3 机器人融合

1. EV3 机器人硬件介绍
2. EV3 机器人的手机遥控器设计
3. 辨色机器人 APP 设计
4. 触碰计时器的设计
5. 避障机器人的设计
6. 赛车体感控制器的设计

2.1 EV3 机器人硬件介绍

EV3机器人（图2-1-1）是乐高Mindstorms第三代机器人，其中包括四个输出端口（A，B，C，D）和四个输入端口（1，2，3，4）。它的按钮可以发光，根据光的颜色可看出EV3机器人的状态。它使用黑白显示器，内置扬声器，USB端口，一个迷你SD读卡器，支持USB2.0、蓝牙和WiFi方式与电脑通信。此外，还有一个用于编程和数据日志上传、下载的编程接口。机器人兼容移动设备系统（安卓、IOS），可以使用AA电池或EV3充电直流电池供电。下面对EV3机器人各部分硬件作简单介绍。

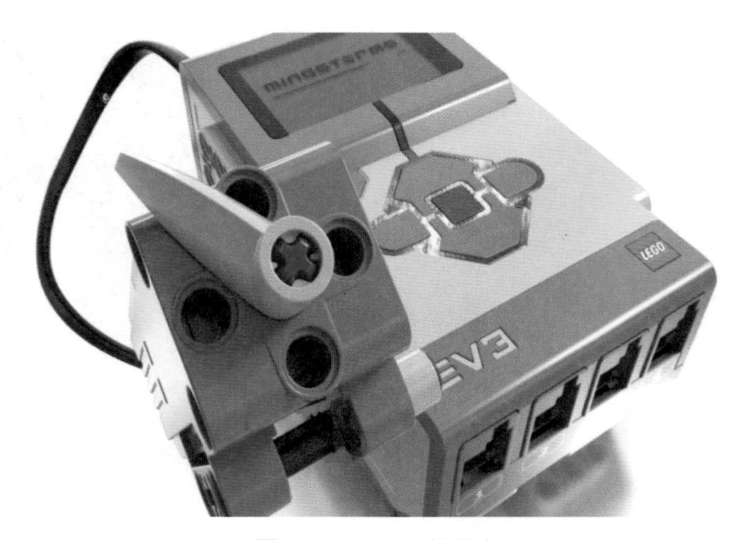

图 2-1-1　EV3 机器人

『 2.1.1　EV3 控制器显示灯 』

EV3机器人控制器的显示灯有红色、橙色、绿色三种颜色，如图2-1-2所示。对程序块状态灯编程，可以使其在不同状态下显示不同颜色并闪烁，具体状态如表2-1-1所示。

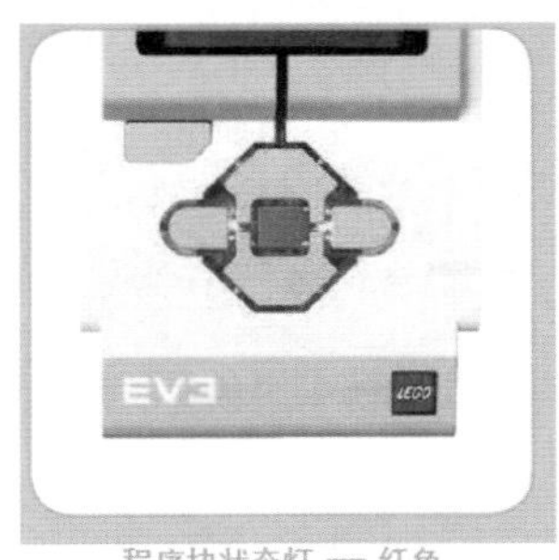
程序块状态灯 — 红色

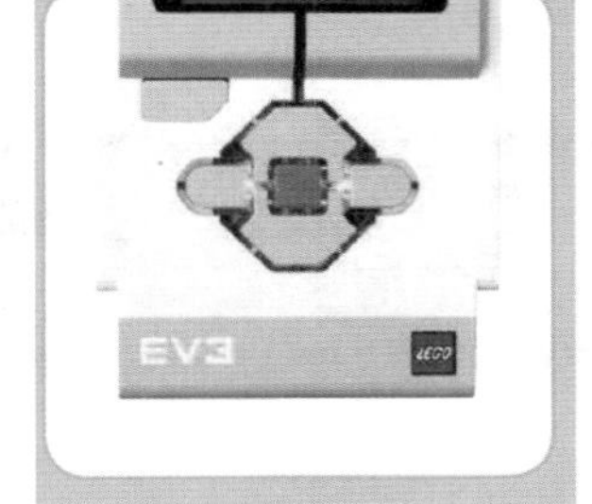
程序块状态灯 — 橙色

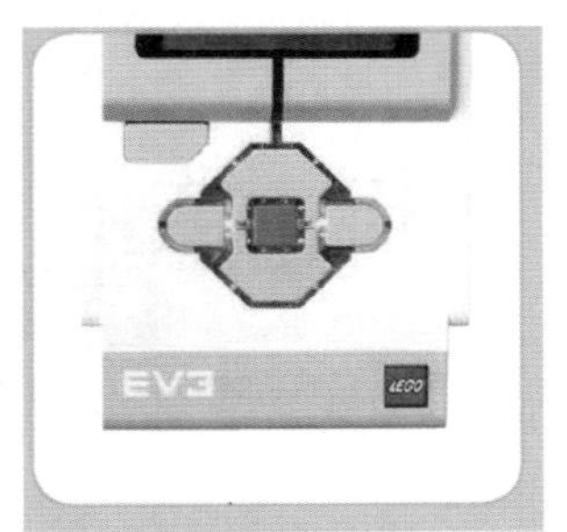
程序块状态灯 — 绿色

图 2-1-2　程序块状态灯

表2-1-1　控制器显示灯状态

颜色	显示状态
红灯	启动、升级中、关闭
红灯闪烁	忙碌
橙灯	警告、就绪
橙灯闪烁	警告、运行
绿灯	就绪
绿灯闪烁	运行程序

『 2.1.2　控制器接口 』

EV3机器人的四个输入接口用于将传感器连接到EV3程序块，四个输出端口用于将电机连接到EV3程序块。PC端口位于D端口旁，用于将EV3程序块连接到计算机，如图2-1-3所示。

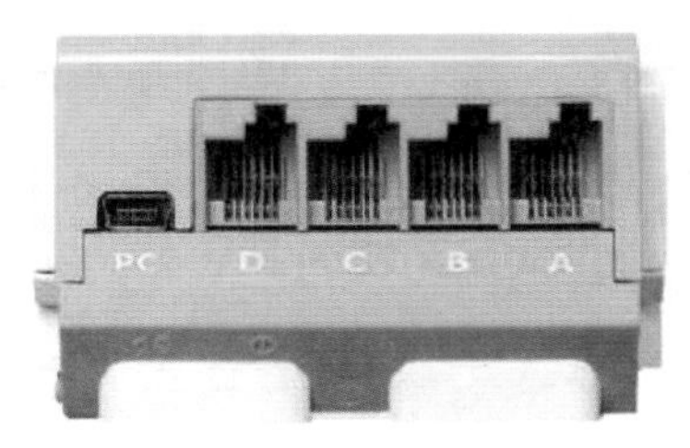

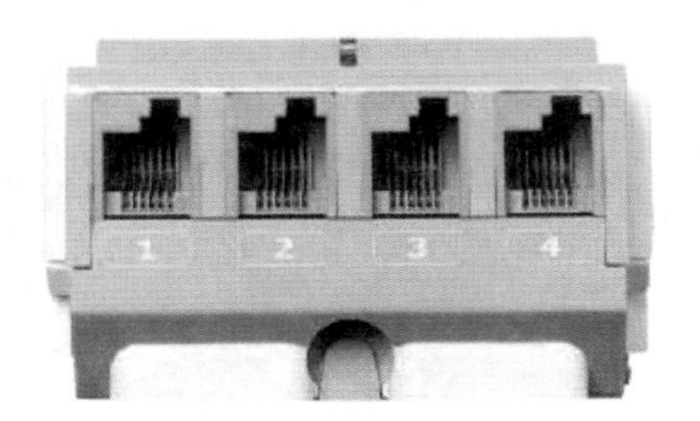

图 2-1-3　输入输出端口

USB主机侧面面板包括主机端口、SD卡端口和扬声器，如图2-1-4所示。

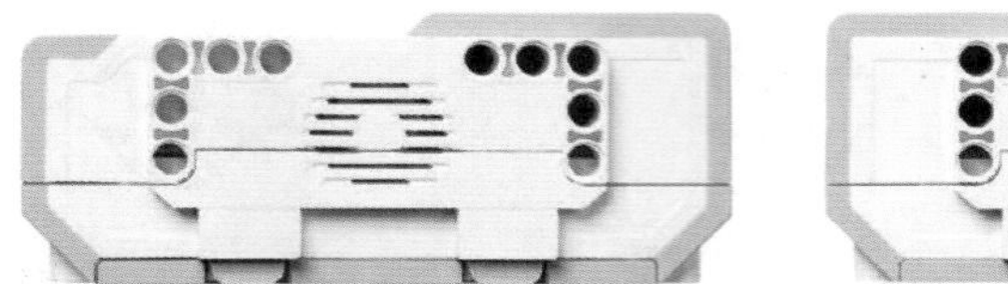

图 2-1-4　侧面面板

『 2.1.3　EV3 控制器外接组件 』

EV3控制器外接组件包括伺服电机（大型伺服电机和中型伺服电机）、各类传感器。其中，陀螺仪传感器是一种数字传感器，可以检测单轴旋转运动；颜色传感器用于检测颜色模式并可通过编程读出颜色名字；触动传感器是一种模拟传感器，可以检测传感器的红色按钮何时被按压、何时被松开；超声波传感器是一种数字传感器，可以测量与前面的物体相隔的距离，它是通过发射高频声波并测量声波被反射回传感器时所需的时间来完成计算的。EV3控制器外接组件如图2-1-5所示。

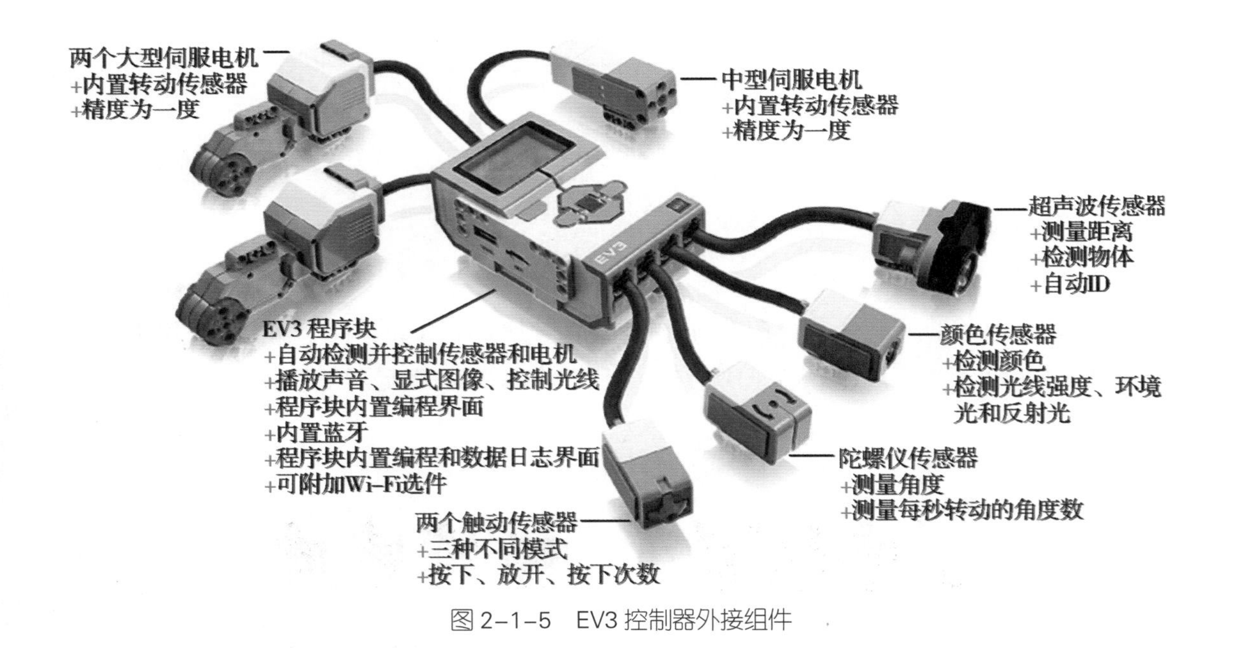

图 2-1-5　EV3 控制器外接组件

2.2 EV3机器人的手机遥控器设计

情境导入

人的运动首先是通过大脑发出指令，然后带动身体的各个关节进行相应活动。机器人小车也需要由主控器发出指令，以驱动各个轮子让机器人动起来。机器人小车的轮子驱动模块是电机或者舵机。本节将手机变成EV3机器人的遥控器，通过手机APP按钮来控制机器人小车前进、后退、左转、右转和停止。

项目目标

❶学习EV3机器人与安卓手机的蓝牙连接。

❷学会制作控制EV3机器人转向的程序。

项目探究

『 2.2.1 硬件搭建与参数设置 』

一、机器人小车的搭建

机器人小车的拼装需要1个控制器、2个电机、2个轮子、1个万向轮（滚珠状），以及其他构件若干。拼装后，2个电机分别接入A、B端口。拼装后的机器人小车如图2-2-1所示。

图 2-2-1　拼装完成的机器人小车

二、EV3 机器人与安卓手机蓝牙连接

EV3机器人需要通过蓝牙协议完成与安卓手机的通信，实现手机APP自由控制EV3机器人的电机和各类传感器。安卓手机与EV3机器人蓝牙连接方法如下：

1. 打开EV3机器人控制器面板，进入设置模块，勾选Bluetooth选项，蓝牙配置界面如图2–2–2所示。

2. 为方便手机识别与EV3控制器的蓝牙连接，可以打开EV3控制器设置的Brick Name，设置机器人名字。本节将机器人名字设置为A01。

3. 打开手机的蓝牙功能，查找蓝牙设备，找到名为A01的设备，进行配对。

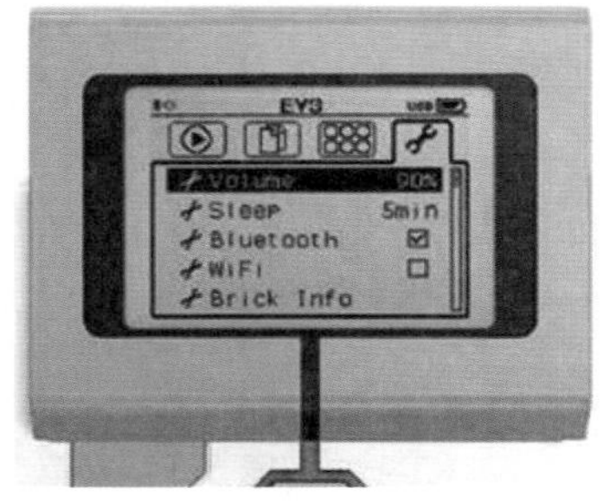

图 2–2–2　蓝牙配置界面

三、App Inventor 中手机与 EV3 机器人蓝牙连接的设置

1. 打开App Inventor，新建项目PRO1，在组件设计中插入列表选择框，将文本改为“请选择要连接的蓝牙设备”，如图2–2–3所示。

图 2–2–3　列表选择框

2. 设置App Inventor通过蓝牙客户端组件建立安卓手机与EV3控制器间的蓝牙连接，首先要调用蓝牙客户端的连接地址属性，获得可连接的设备列表，然后从中选取EV3机器人所对应的地址和名称，最后再通过设置列表选择框的元素为蓝牙客户端的地址与名称，实现手机与EV3机器人设备的连接。如图2–2–4所示。

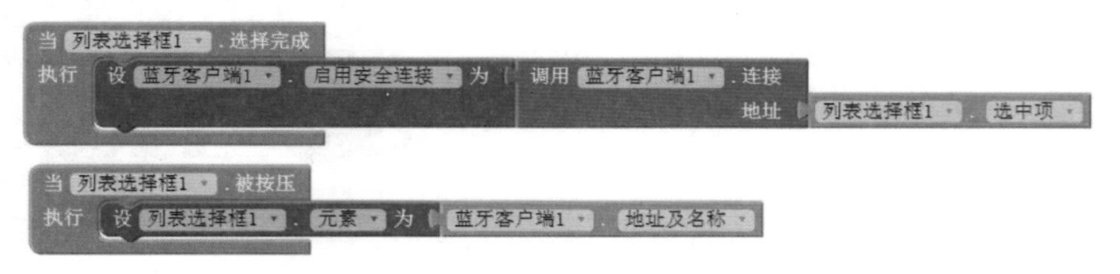

图 2–2–4　蓝牙连接的逻辑设计

3．通过App Inventor开发伴侣连接：打开手机的APP程序，点击“请选择要连接的蓝牙设备”，点击名为A01的设备，如连接无误则返回APP界面。

『 2.2.2 手机遥控器APP的程序设计 』

一、组件设计

本项目所需组件主要有列表选择框、按钮、蓝牙客户端、马达。在组件面板中，将组件拖到工作面板上，然后按照表2-2-1所示在属性面板中进行设置，界面设计效果如图2-2-5所示，组件列表如图2-2-6所示。

表2-2-1 组件属性设置

组件	所属面板	命名	作用	属性	属性值
Screen1		Screen1	界面设置	水平对齐	居左
				垂直对齐	居上
列表选择框	用户界面	列表选择框1	用于放置选择蓝牙设备界面	文本	请选择要连接的蓝牙设备
				文本对齐	居中
表格布局	界面布局	表格布局1	设置界面	高度、宽度	充满
				列数	3
				行数	3
				文本对齐	居中
按钮	用户界面	左转、右转、前进、后退、停止	等待点击	文本	分别为左转、右转、前进、后退、停止
				文本对齐	居中
				宽度	30 percent
通信连接	蓝牙客户端	蓝牙客户端1	连接蓝牙	启用连接	勾选
EV3机器人	马达	EV3马达1	启动马达	马达埠号	A
EV3机器人	马达	EV3马达2	启动马达	马达埠号	B

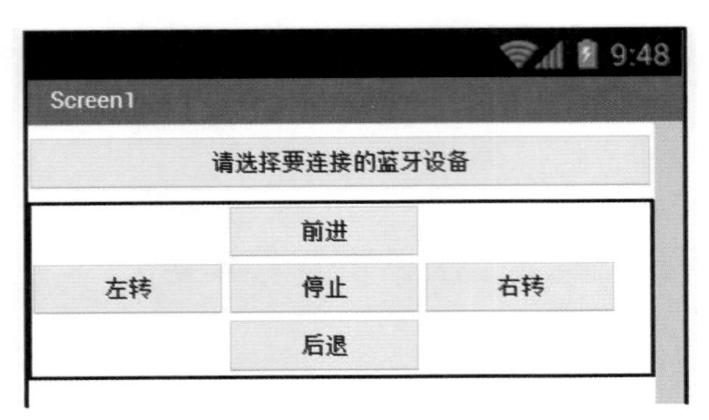

图 2-2-5 界面设计效果图

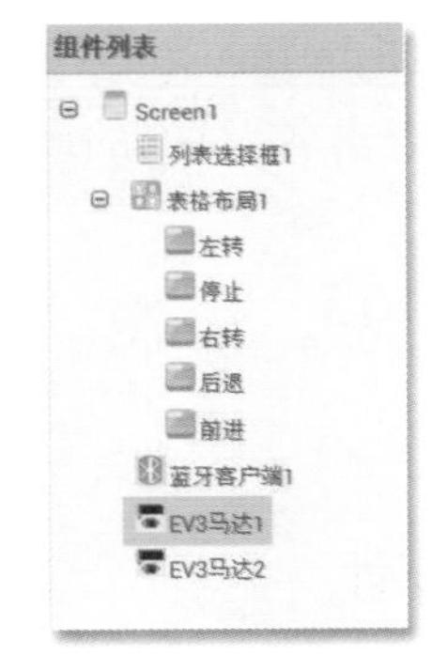

图 2-2-6 组件列表

二、程序设计

（一）设置前进按钮

要控制EV3机器人小车向前进，需同时驱动左右两个轮子的马达一起向前转动。因此，应设置两个马达的功率为正数，且数值相同。功率的正数范围为0~100，数值越大，速度越快，反之越慢。程序如图2-2-7所示。

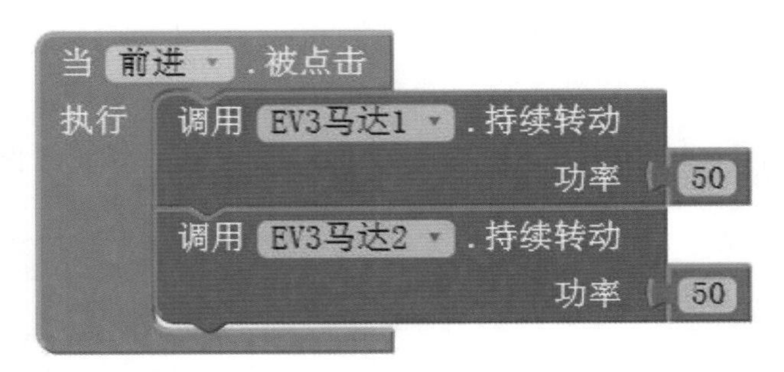

图 2-2-7 前进按钮的设置

（二）设置后退按钮

要控制EV3机器人小车向后退，需同时驱动左右两个轮子的马达一起向后转动。因此，应设置两个马达的功率为负数，且数值相同。功率的负数范围为-100~0，负得越多，速度越快，反之越慢。程序如图2-2-8所示。

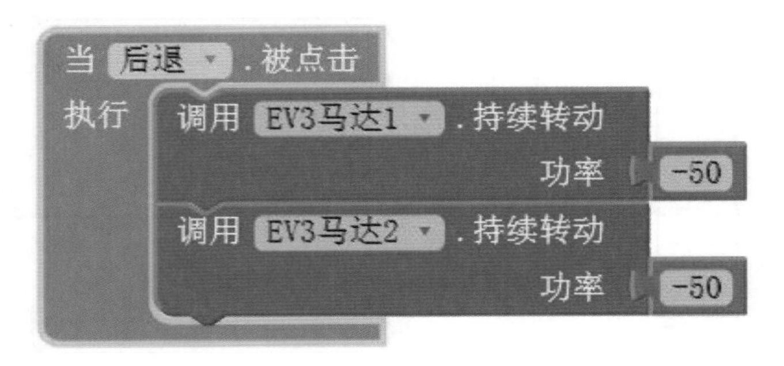

图 2-2-8 后退按钮的设置

（三）设置左转按钮

小车的马达只有两个，要控制EV3机器人小车向左转，需设置右轮的马达功率大于左轮的马达功率，小车才能往左转。程序如图2-2-9所示。

当 左转 .被点击
执行 调用 EV3马达1 .持续转动
功率 10
调用 EV3马达2 .持续转动
功率 70

图 2-2-9　左转按钮的设置

（四）设置右转按钮

小车的马达只有两个，要控制EV3机器人小车向右转，需设置左轮的马达功率大于右轮的马达功率，小车才能往右转。程序如图2-2-10所示。

当 右转 .被点击
执行 调用 EV3马达1 .持续转动
功率 70
调用 EV3马达2 .持续转动
功率 10

图 2-2-10　右转按钮的设置

（五）设置停止按钮

要控制EV3机器人小车停止，应使两个马达停止，并启用刹车。如果逻辑值选择true，则小车马上停止；如果逻辑值选择false，则小车会在惯性下转动一会儿，然后才停止。如图2-2-11所示。

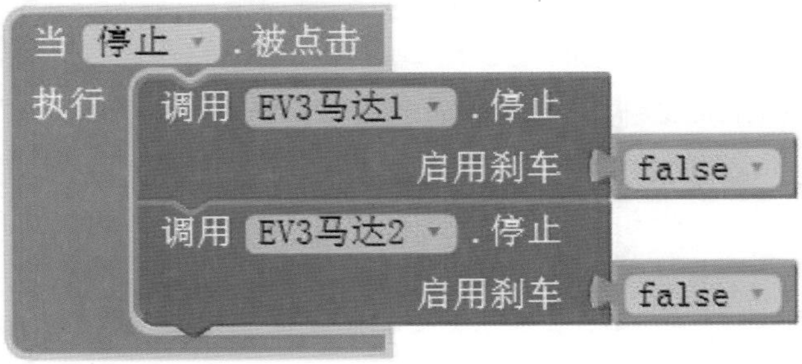

当 停止 .被点击
执行 调用 EV3马达1 .停止
启用刹车 false
调用 EV3马达2 .停止
启用刹车 false

图 2-2-11　停止按钮的设置

三、程序运行调试

打开App Inventor开发伴侣，与安卓手机APP连接，在手机上通过APP设置的各个按钮控制EV3机器人小车进行全方位移动和停止。此时，手机相当于机器人的遥控器。

同学们分组讨论：用App Inventor为EV3机器人设计的手机遥控器，还能开发哪些功能？

本项目设计的手机APP，是通过按钮来控制机器人小车的移动，同学们能否使用滑动条来控制机器人移动的速度呢？比如在机器人前进或者后退时加快或者减缓速度。

提示：增加滑动条，设置马达转动的功率为滑动条的数值。

EV3机器人新功能

EV3机器人相对于前两代机器人最明显的新功能在于，允许用户直接使用iOS或者Android设备对其进行扩展或操作，且配备了灵敏度极高的红外线传感器。通过编程，可引导EV3机器人做出诸多动作，新的传感器使机器人可以检测和探测各种物体，稍加编程再加装个垃圾袋和扫把就能当扫地机器人使唤了。

EV3机器人的核心是一个矩形如第一代GameBoy一般大小的智能砖；新核心使用Linux系统，ARM9处理器，支持蓝牙连接，由550多块乐高积木构成；改进型的麦克风和扬声器，能够支持人机交流（类似Siri）；连接方式依然是USB连接，同时支持SD卡。

2.3 辨色机器人APP设计

EV3机器人有多种传感器，如颜色传感器、触碰传感器、方向传感器等。这些传感器与机器人结合，可以让机器人更加强大，也可以让人机互动有更多的方式。其实，EV3机器人不仅能动，还能“看”和“说”。在本节项目中，我们让EV3机器人把自己“看”到的颜色，通过手机“说”出来。

❶学习EV3机器人与颜色传感器的连接。
❷学会制作读取颜色传感器的APP程序设计。

『2.3.1 辨色机器人的搭建和素材准备』

一、辨色机器人的搭建

搭建辨色机器人需要1个控制器、1个颜色传感器，以及其他结构件若干。颜色传感器需要插入端口3。搭建完成的辨色机器人如图2-3-1所示。

图2-3-1 辨色机器人

二、EV3 机器人与安卓手机蓝牙连接设置

EV3机器人与安卓手机蓝牙连接设置详细步骤参考2.2节相关内容。

三、素材导入

本项目APP的设计需要准备1张图片，如图2-3-2所示。点击“导入”按钮，导入准备好的图片。

图 2-3-2　图片素材

『 2.3.2　辨色机器人 APP 的程序设计 』

一、程序流程图

辨色机器人APP的程序流程图如图2-3-3所示。

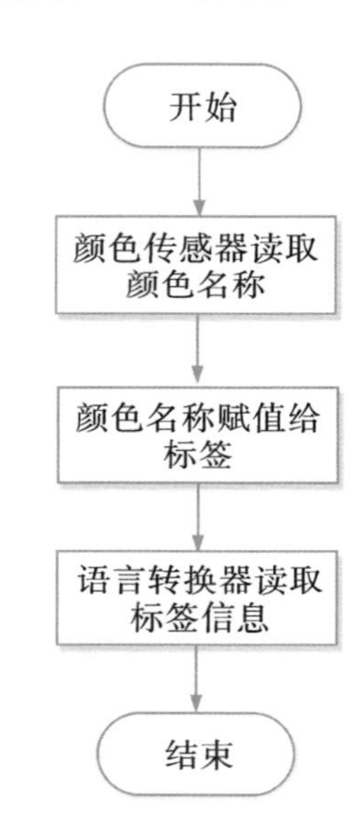

图 2-3-3　辨色机器人的程序流程图

二、组件设计

1. 本项目需要的组件主要有列表选择框、标签、图像、EV3颜色传感器、文本语音转换器。在组件面板中，将组件拖到工作面板上，然后按照表2-3-1所示在属性面板中进行设置。

表2-3-1　组件属性设置

组件	所属面板	命名	作用	属性	属性值
Screen1		Screen1	界面设置	水平对齐	居左
				垂直对齐	居上
列表选择框	用户界面	列表选择框1	用于放置选择蓝牙设备界面	文本	请选择机器人
				文本对齐	居中
标签	用户界面	标题	设置标题	文本	给点颜色让小熊看看
				字号	24
				文本对齐	居左
图像	用户界面	图像1	设置图像	高度、宽度	50percent
				图片	Time1.png
表格布局	界面布局	显示界面	放置显示界面	高度、宽度	充满
				列数	2
				行数	2
标签	用户界面	colour	放置文本	文本	The colour is
				字号	20
标签	用户界面	answer	放置文本	文本	空白
				字号	20
通信连接	蓝牙客户端	蓝牙客户端1	连接蓝牙	启用安全连接	勾选
EV3机器人	颜色传感器	EV3颜色传感器1	启动颜色传感器	传感器端口	3
				启用颜色变化事件	勾选
				启用范围内事件	勾选
文本语音转换器	多媒体	文本语音转换器1	文本语音转换	设置	默认

2．辨色机器人APP界面设计效果如图2–3–4所示，组件列表如图2–3–5所示。

图 2–3–4　界面设计效果图

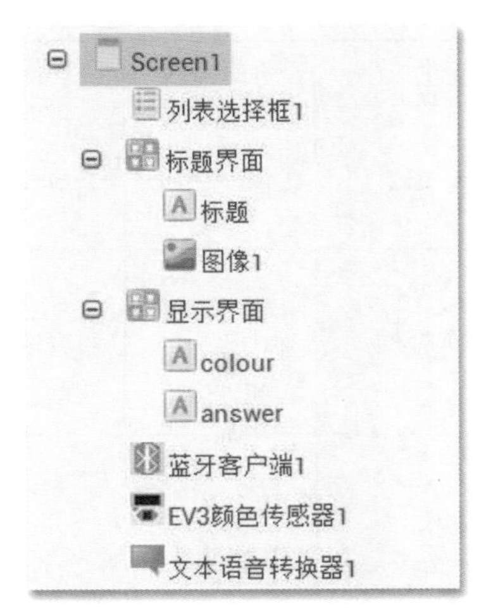

图 2–3–5　组件列表

三、程序设计

（一）手机与蓝牙连接的程序设计

手机与蓝牙连接的程序如图2–3–6所示。

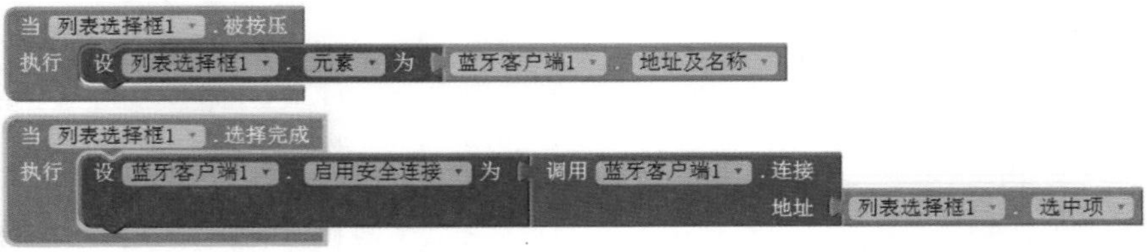

当 列表选择框1 . 被按压
执行 设 列表选择框1 . 元素 为 蓝牙客户端1 . 地址及名称

当 列表选择框1 . 选择完成
执行 设 蓝牙客户端1 . 启用安全连接 为 调用 蓝牙客户端1 . 连接
地址 列表选择框1 . 选中项

图 2–3–6　蓝牙连接的逻辑设计设置

（二）EV3 颜色传感器监测颜色变化

当EV3颜色传感器监测到颜色有变化时，读取颜色名称，并赋值给标签文本；文本语音转换器将标签信息转换为语音信息。程序如图2–3–7所示。

图 2–3–7　颜色传感器程序设计

四、程序运行调试

打开App Inventor开发伴侣，与安卓手机APP连接，蓝牙连接EV3机器人。当机器人的颜色传感器靠近有颜色的物体时（大概距离为1厘米），手机APP就会读出颜色名称。

同学们分组讨论：将App Inventor的颜色传感器和机器人结合，还能设计出哪些可以解决生活问题的程序?

本项目所制作的辨色机器人是通过颜色传感器感知，进而完成对物体颜色的识别。请同学们尝试与上一节学过的行走机器人相结合，实现当机器人看见绿色则前进，看见红色则停止前进的APP程序。

提示：结合控制机器人“前进”“后退”的指令，设计条件语句，将颜色作为控制条件。

颜色传感器

颜色传感器是将物体颜色同前面已经出现过的参考颜色进行比较，进而检测颜色的传感器。当两个颜色在一定的误差范围内相吻合时，输出检测结果。颜色传感器在终端设备中起着极其重要的作用，比如色彩监视器的校准装置，彩色打印机和绘图仪，涂料、纺织品和化妆品制造，以及医疗方面的应用，如血液诊断、尿样分析和牙齿整形等。

2.4 触碰计时器的设计

EV3机器人的触碰传感器就像一个按钮，可以用来检测机器人是否触碰到目标物或者障碍物，被按下时返回值为1，否则返回0。本项目是将EV3机器人触碰传感器和计时器结合起来，设计一个触碰计时器APP。

❶学习EV3机器人与触碰传感器的连接。
❷学会编写触碰计时器的程序。

『 2.4.1 触碰计时机器人的搭建和素材准备 』

一、触碰计时机器人的搭建

搭建触碰机器人需要EV3控制器1个，触碰传感器1个，控制器对应传感器端口为1~4，本项目将触碰传感器插入端口2。搭建的机器人如图2-4-1所示。机器人与安卓手机蓝牙连接的详细步骤可参考2.2节相关内容。

图 2-4-1 触碰计时机器人

二、图片素材的导入

APP界面的设计需要准备1张时钟图片。点击“导人”按钮，导入准备好的图片。如图2-4-2所示。

图 2-4-2　时钟图片素材

『 2.4.2　触碰计时机器人的程序设计 』

一、程序流程图

设计触碰计时机器人的程序，需要用到1个循环语句和1个条件判断语句，程序流程图如图2-4-3所示。

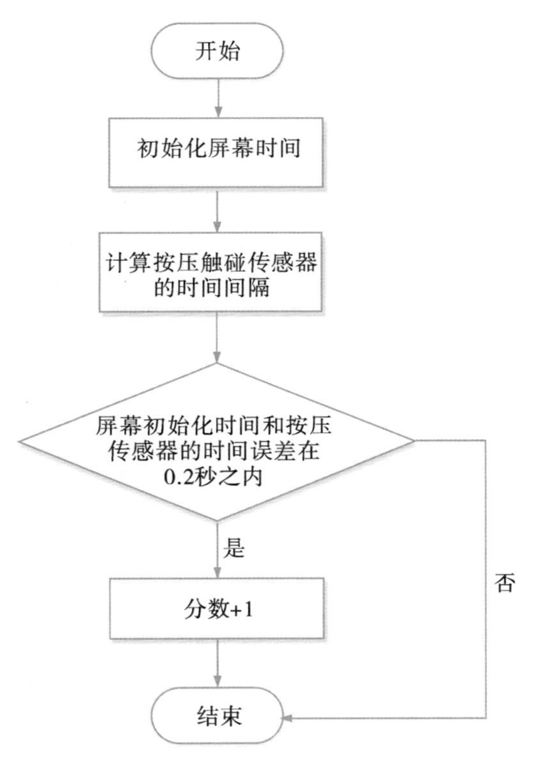

图 2-4-3　触碰计时机器人的程序流程图

二、组件设计

（一）组件属性设置

本项目需要的组件主要有列表选择框、标签、图像、按钮、EV3触碰传感器、计时器。在组件面板中，将组件拖到工作面板上，然后按照表2-4-1所示在属性面板中进行设置。

表2-4-1　组件属性设置

组件	所属面板	命名	作用	属性	属性值
Screen1		Screen1	界面设置	水平对齐	居左
				垂直对齐	居上
列表选择框	用户界面	列表选择框1	用于放置选择蓝牙界面	文本	请选择机器人
				文本对齐	居中
标签	用户界面	标题	设置标题	文本	试试你对时间的感觉
				字号	24
				文本对齐	居左
标签	用户界面	游戏规则1	放置游戏规则	文本	游戏规则：试试你按压传感器的秒数是否和设置的秒数相同
标签	用户界面	游戏规则2	放置游戏规则	文本	误差在0.2秒内则加1分
表格布局	界面布局	表格布局	放置显示界面	高度、宽度	充满
				列数	4
				行数	4
标签	用户界面	请按住	放置文本	文本	请按住
标签	用户界面	标签5	放置文本	文本	文本
标签	用户界面	秒	放置文本	文本	秒!
按钮	用户界面	按钮1	设置按钮	文本	重新开始
标签	用户界面	你的成绩是	放置文本	文本	你的成绩是:
标签	用户界面	标签1	放置文本	文本	0
标签	用户界面	秒2	放置文本	文本	秒
标签	用户界面	你的分数	放置文本	文本	你的分数:
标签	用户界面	标签9	放置文本	文本	0
图像	用户界面	图像1	设置图像	高度、宽度	40percent
				图片	Time1.jpg
通信连接	蓝牙客户端	蓝牙客户端1	连接蓝牙	启用安全连接	勾选
EV3机器人	接触传感器	EV3接触传感器1	启动接触传感器	传感器端口	2
				启用触碰事件	勾选
				启用离开件	勾选
				蓝牙客户端	蓝牙客户端
传感器	计时器	计时器1	计算时间	一直计时	勾选
				计时间隔	1000

（二）APP界面设计效果

APP界面设计效果如图2-4-4所示，组件列表如图2-4-5所示。

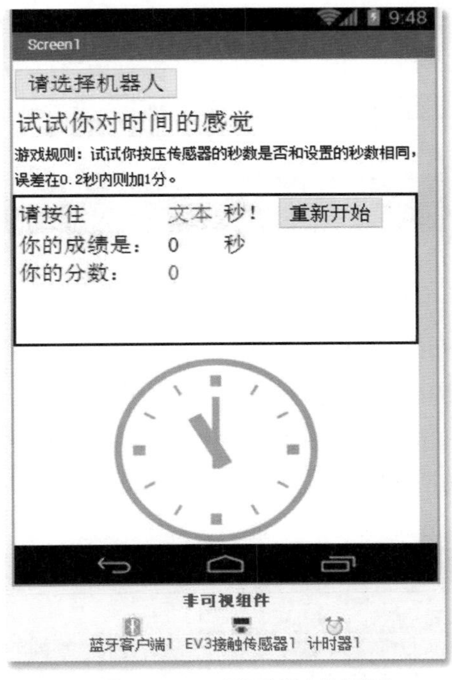

图2-4-4　界面设计效果图

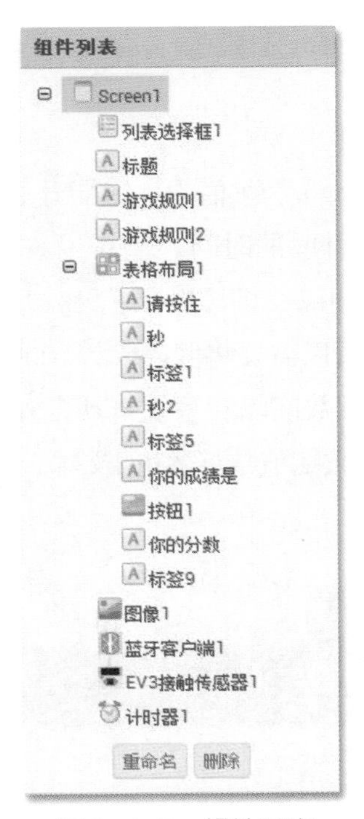

图2-4-5　组件列表

三、程序设计

（一）手机与蓝牙连接的程序设计

蓝牙连接的程序设计如图2-4-6所示。

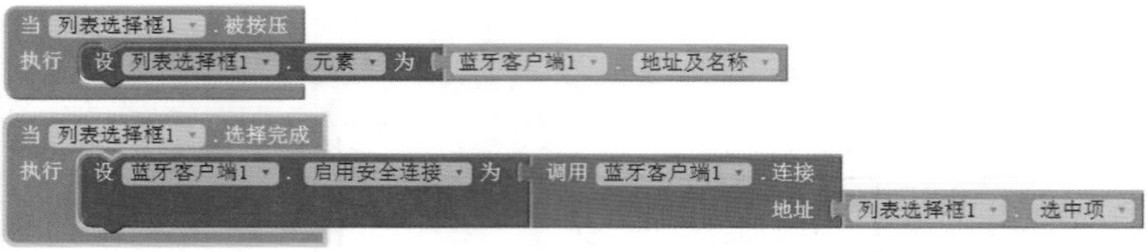

图 2-4-6　蓝牙连接的程序设计

（二）判断按压触碰传感器的时间间隔

程序需要判断按压触碰传感器的时间间隔，所以先初始化传感器开始“begin”和结束“end”的时间为0；分数值“fenshu”的值设置为0；屏幕初始化的要求为用户按压的秒数是随机的1~6秒，并将此时间值赋值给标签5的文本。初始化程序如图2-4-7所示。

图 2-4-7　初始化程序设计

（三）触碰传感器的程序设计

当触碰传感器被按下时，“begin”赋值为计时器开始计时的时间；当触碰传感器被松开时，“end”赋值为计时器结束计时的时间。

用户按压触碰传感器的时间间隔，即“begin”和“end”之间的间隔。由于计时器的计时间隔为1000，即1000毫秒，所以需要将间隔除以1000来得出正确的秒数。

判断用户按压触碰传感器的秒数间隔和系统自动设置的秒数误差，如果误差在0.2秒之内，则分数加1分，并将增加的分数赋值给标签9的文本。传感器的程序如图2-4-8所示。

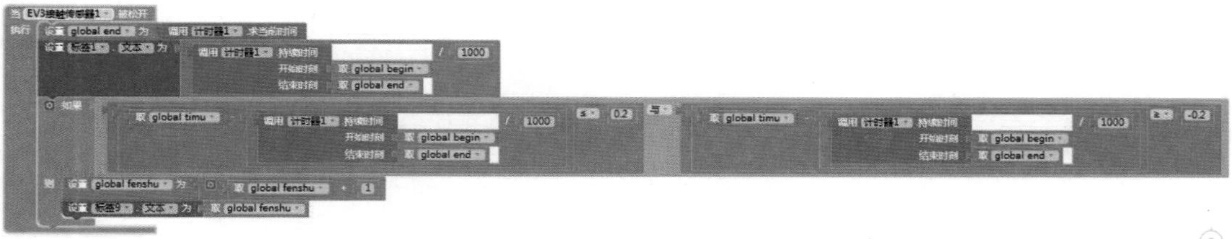

图 2-4-8　传感器程序设计

（四）屏幕初始化时间设置

当按钮1被点击时，屏幕初始化的时间即标签5的文本重新开始设置，游戏重新开始。程序如图2-4-9所示。

图 2-4-9 分数程序设计

四、调试结果

打开App Inventor开发伴侣，与安卓手机APP连接，蓝牙连接EV3机器人。当按压机器人的触碰传感器秒数和系统给出的时间秒数误差在0.2秒范围内，分数值就会自动加1。

同学们分组讨论：用App Inventor的触碰传感器还能设计哪些功能？

设计一个射击类游戏：手机屏幕上随机出现一个UFO（不明飞行物），飞船以一定的速度在屏幕上飞行。设置激光炮弹，当按动触碰传感器后，炮弹发射，击中UFO则得分。

提示：这个游戏首先要设计一个射击UFO的程序。UFO的出现用随机函数，轨迹是固定的。用触碰传感器控制发射激光炮弹的时机，射中则加分。

2.5 避障机器人的设计

EV3机器人的超声波传感器类似人的眼睛，可以侦测距离的远近，一般用来判断障碍物。在本项目中，当EV3机器人判断自己身前有障碍物时，会通过手机APP语音提示障碍物的距离。

❶学习EV3机器人与超声波传感器的连接。
❷学会编写超声波传感器的程序。
❸学会手机APP语音提示程序的设计。

『 2.5.1 避障机器人的搭建和素材准备 』

一、机器人的搭建

避障机器人的搭建需要EV3控制器1个，超声波传感器1个，传感器对应端口为1~4，将超声波传感器插入端口1。搭建好的避障机器人如图2-5-1所示。

图 2-5-1 避障机器人

二、机器人与安卓手机蓝牙连接

EV3机器人与安卓手机蓝牙连接设置的详细步骤可参考2.2节的相关内容。

三、图片素材的导入

设计本项目APP的界面需要准备1张图片，如图2-5-2所示。点击“导入”按钮，导入准备好的图片。

图 2-5-2　导入的图片素材

『 2.5.2　避障机器人的 APP 程序设计 』

一、程序流程图

设计避障机器人的APP程序需要1个循环语句和1个条件判断语句，程序流程图如图2-5-3所示。

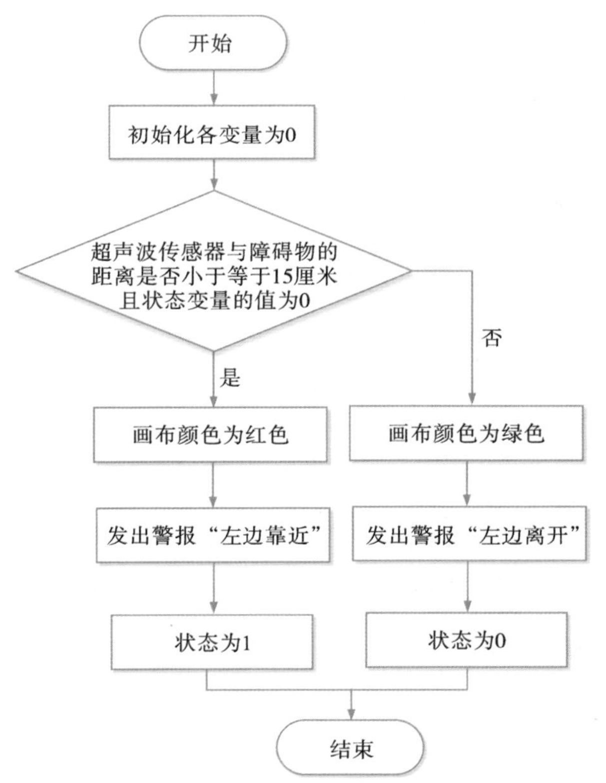

图 2-5-3　避障机器人的程序流程图

二、组件设计

（一）组件属性设置

设计本项目需要用到的组件主要有列表选择框、标签、图像、EV3马达、EV3超声波传感器、文本语音转换器、计时器。在组件面板中，将组件拖到工作面板上，然后按照表2-5-1所示在属性面板中进行设置。

表2-5-1 组件属性设置

组件	所属面板	命名	作用	属性	属性值
Screen1		Screen1	界面设置	水平对齐	居左
				垂直对齐	居上
列表选择框	用户界面	列表选择框1	用于放置选择蓝牙设备界面	文本	请选择机器人
				文本对齐	居中
表格布局	界面布局	表格布局1	放置显示界面	高度、宽度	充满
				列数	3
				行数	3
图像	用户界面	图像1	设置图像	高度、宽度	60percent
				图片	Time1.jpg
绘图动画	画布	画布1	设置颜色	属性	默认
标签	用户界面	标签1	设置距离的数值	文本	空白
				字号	20
标签	用户界面	距离	放置距离的文本	文本	距离
				字号	20
通信连接	蓝牙客户端	蓝牙客户端1	连接蓝牙	启用安全连接	勾选
乐高机器人	EV3超声波传感器	EV3超声波传感器1	启动超声波传感器	传感器端口	1
				蓝牙客户端	蓝牙客户端1
				下限范围	1
				上限范围	255
				启用范围内事件	勾选
乐高机器人	EV3马达	EV3马达1	启用EV3马达	马达埠号	A
乐高机器人	EV3马达	EV3马达2	启用EV3马达	马达埠号	B
文本语音转换器	多媒体	文本语音转换器1	文本语音转换	属性	默认
计时器	传感器	计时器1	计时	计时间隔	1000

（二）APP 界面设计效果

APP界面设计效果如图2-5-4所示，组件列表如图2-5-5所示。

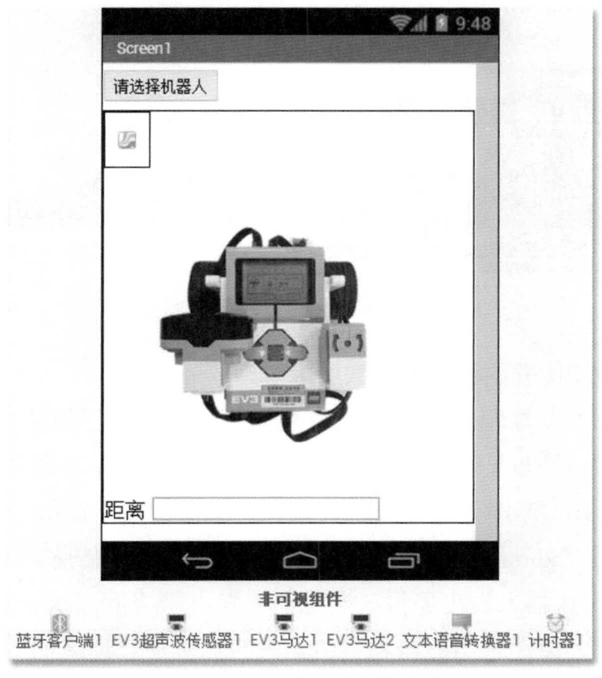

图 2-5-4　界面设计效果图

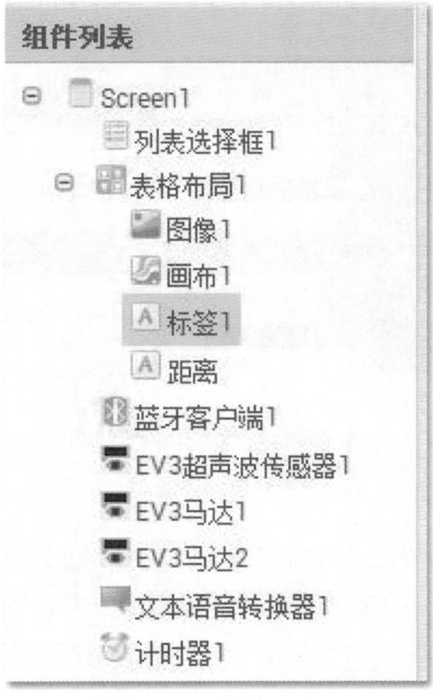

图 2-5-5　组件列表

三、程序设计

（一）手机与蓝牙连接的程序设计

设置EV3超声波传感器的单位距离为厘米，蓝牙连接的程序设计如图2-5-6所示。

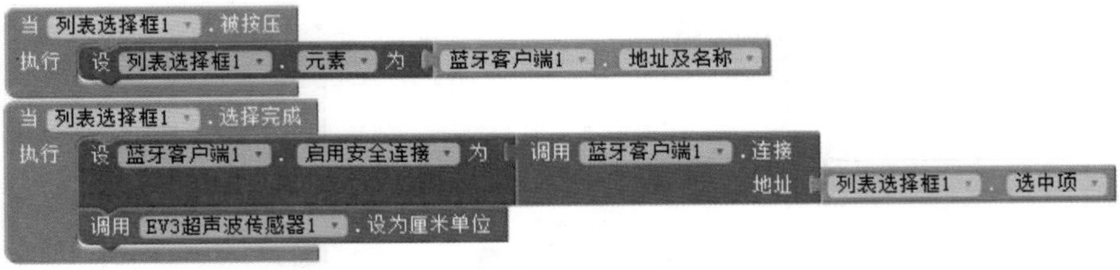

图 2-5-6　蓝牙连接的程序设计

（二）调用超声波传感器获取距离数据

调用超声波传感器获取距离数据，赋值给标签1文本。当障碍物与机器人的传感器距离小于等于15厘米时，画布显示为红色，机器人发出警报“左边靠近”；当障碍物与机器人的传感器距离大于15厘米时，画布显示为绿色，机器人发出提示“左边离开”。

初始化全局变量“zhuangtai”为0，当障碍物与机器人传感器距离小于等于15厘米时，如果状态值为0，机器人发出警报。当机器人发出警报后，状态值设置为1，避免机器人重复警报。同理，可以设置当障碍物与机器人距离大于15厘米时的状态。APP主程序设计如图2-5-7所示。

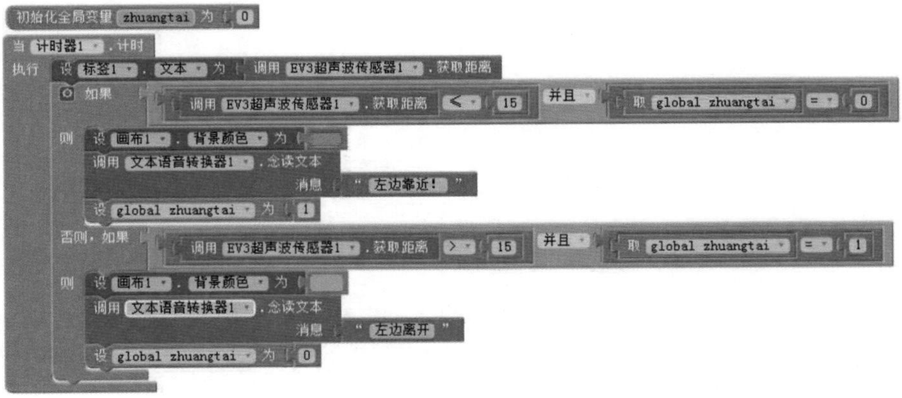

图 2-5-7　APP 主程序设计

四、调试结果

打开App Inventor开发伴侣，与安卓手机APP连接，蓝牙连接EV3机器人。当机器人的传感器与障碍物的距离小于等于15厘米时，屏幕显示和障碍物的距离，并且发出警报“左边靠近”，画布为红色；当障碍物与机器人的传感器距离大于15厘米时，机器人发出“左边离开”，画布变为绿色。

同学们展开讨论：在制作避障机器人时遇到了哪些问题？你是如何解决的？

参考本项目的避障机器人APP，尝试结合超声波传感器和文本语音转换器，设计一个自动感知障碍的机器人。将机器人放在超市门口，当有人进入时，APP会自动说出“欢迎光临”；当有人离开时，会自动说出“欢迎下次光临”的语音。

提示：用超声波传感器，当测到物体是从远到近时，播放语音“欢迎光临”；当测到物体是从近到远时，播放语音“欢迎下次光临”。

机器人避障

机器人避障，简而言之就是让机器人能够自动避开障碍物，安全行动。由于机械的构造精细，不能经常发生碰撞。在当今科技高速发展的时代，人们越来越需要机器人去替代人来完成一些危险的任务。例如，在科学探索、救灾抢险中，经常会遇到一些危险或者人类无法轻易到达的地方。这个时候机器人的优势就体现出来了。 而机器人在复杂多变的地形中进行自动避障，是机器人完成任务的基本条件。如果无法自动避障，一切都是纸上谈兵。一般来说，我们需要通过传感器给机器人提供周围环境的参数指标，如障碍物的尺寸、形状和位置等。目前，避障使用的传感器多种多样，其特点和适用范围也不同，根据不同的原理可分为超声波传感器、红外传感器、激光传感器、视觉传感器等。

2.6 赛车体感控制器的设计

手机中有多种传感器，如重力传感器、方向传感器、导航定位系统等。将手机传感器与EV3机器人结合，可以实现用更多方式控制机器人。本项目APP的设计，主要是用手机方向传感器（又称姿态传感器）检测手机轴旋转的角度值来定位手机的几何状态，进而通过改变手机的角度来控制机器人的前进、后退和转弯。

❶学习使用手机传感器控制机器人运动APP的设计。
❷了解如何描述手机所处的角度。

『 2.6.1 赛车机器人的搭建和体感控制器素材的准备 』

一、赛车机器人的搭建

赛车机器人的搭建需要1个EV3控制器、2个电机、2个轮子、1个万向轮。机器人赛车的左、右马达分别接入B、C端口。搭建完成的机器人赛车如图2-6-1所示。

图 2-6-1 赛车机器人

二、机器人与安卓手机蓝牙连接

EV3机器人与安卓手机蓝牙连接设置的详细步骤可参考2.2节的相关内容。

三、素材的导入

本APP界面的设计需要准备一张图片。点击“导入”按钮，导入准备好的图片，如图2-6-2所示。

图 2-6-2　APP 界面图片

『 2.6.2　赛车体感控制器 APP 的设计 』

一、程序流程图

设计赛车体感控制器APP程序需要1个循环语句和1个条件判断语句，机器人向左转和向右转的程序流程图分别如图2-6-3和图2-6-4所示。

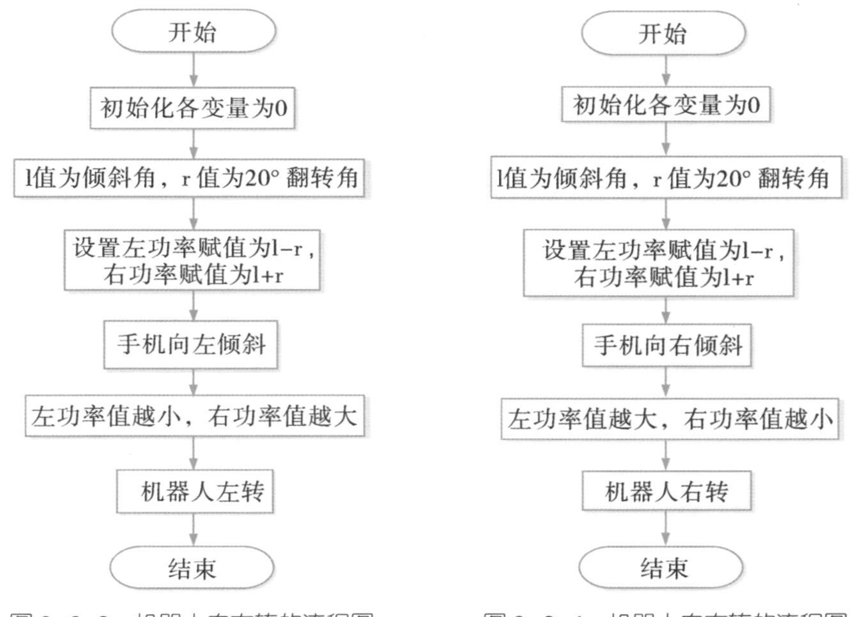

图 2-6-3　机器人向左转的流程图　　图 2-6-4　机器人向右转的流程图

二、组件设计

（一）组件属性设置

本项目需要的组件主要有列表选择框、滑动条、标签、按钮、图像、EV3马达、方向传感器、蓝牙客户端。在组件面板中，将组件拖到工作面板上，然后按照表2-6-1所示在属性面板中进行设置。

表2-6-1　组件属性设置

组件	所属面板	命名	作用	属性	属性值
Screen1		Screen1	界面设置	背景图片	Appev3.jpg
表格布局	界面布局	表格布局1	放置显示界面	高度、宽度	自动
				列数	4
				行数	10
列表选择框	用户界面	列表选择框1	用于放置选择蓝牙界面	文本	请选择EV3机器人
				文本对齐	居中
滑动条	用户界面	滑动条1	设置机器人速度	最大值	140
				最小值	10
				滑块位置	70
按钮	用户界面	停止	机器人停止运动	文本	断开蓝牙
按钮	用户界面	left	控制机器人左臂运动	文本	左臂
按钮	用户界面	right	控制机器人右臂运动	文本	右臂
标签	用户界面	左边功率	显示机器人左轮功率	文本	左轮功率
标签	用户界面	右边功率	显示机器人右轮功率	文本	右轮功率
通信连接	蓝牙客户端	蓝牙客户端	连接蓝牙	启用安全连接	勾选
方向传感器	传感器	方向传感器1	启用方向传感器	启用	勾选
EV3机器人	马达	左马达	启用马达	马达埠号	C
				蓝牙客户端	蓝牙客户端1
				方向倒转	勾选
EV3机器人	马达	右马达	启用马达	马达埠号	B
				蓝牙客户端	蓝牙客户端1
				方向倒转	勾选

（二）APP 界面设计效果

APP界面设计效果如图2-6-5所示，组件列表如图2-6-6所示。

图 2-6-5　界面设计效果图

图 2-6-6　组件列表

三、程序设计

（一）手机与蓝牙连接的程序设计

蓝牙连接的程序设计如图2-6-7所示。

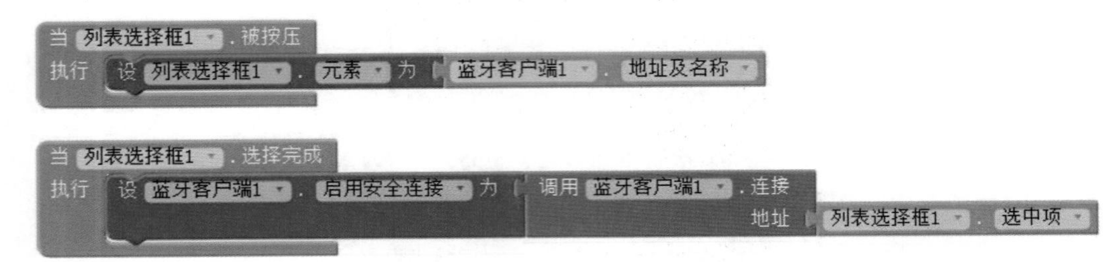

图 2-6-7　蓝牙连接的程序设计

（二）方向传感器原理

方向传感器主要是通过检测手机的三个轴旋转的角度值来确定手机的状态，三轴分别为X轴、Y轴和Z轴。这三个轴所构成的立体空间，可以侦测到人们在手机上的各种动作。

1．方向角，数据范围是0～360度。0度表示手机指向正北方向，90度表示手机指向正东方向，180度表示手机指向正南方向，270度表示手机指向正西方向。

2．倾斜角，即由静止状态开始，前后翻转。当手机水平放置时，值为0；当手机顶部向下倾斜至竖直时，值为90度；继续沿着同样方向翻转，值逐渐减少，直到屏幕朝下方的位置，值为0；当手机底部向下倾斜直到指向地面时，值为–90度；继续沿着同方向翻转到屏幕向上时，值为0。所以取值范围是–90度~90度。

3．翻转角，即由静止状态开始，左右翻转。当手机水平放置时，值为0；当向左倾斜到竖直位置时，值为90度；而向右倾斜至竖直位置时，值为–90度。所以取值范围是–90~90度。

以上测试的前提是假设手机本身处于非移动状态。

（三）设置手机翻转角度以控制机器人运行状态

在本程序中，设置手机平放时，速度默认最小值为20，倾斜角赋值给l，其他变量初始化值为0。当翻转角度大于0，即开始翻转时，r的值为20减去翻转角度。所以，当手机越往前倾斜，r值越大；反之，手机越往后倾斜，r值越小。

初始化左轮功率为0，设为r减去l（倾斜角）。初始化右轮功率为0，设为r加上l（倾斜角）。

当手机越往左倾斜，左轮功率值越小，右轮功率值越大，机器人往左转弯；同理，当手机越往右倾斜，左轮功率值越大，右轮功率值越小，机器人往右转弯。同时，设置文本显示左右功率的实时数值。完成的赛车体感控制器APP的主程序如图2-6-8所示。

```
初始化全局变量 r 为 0
初始化全局变量 l 为 0
初始化全局变量 左功率 为 0
初始化全局变量 右功率 为 0

当 方向传感器1 .方向被改变
  方位角  倾斜角  翻转角
执行 设 global l 为 取 倾斜角
     设 global r 为 20 - 取 翻转角
     设 global 左功率 为 取 global r - 取 global l
     设 global 右功率 为 ⊙ 取 global r + 取 global l
     调用 左马达 .持续转动
                功率 取 global 左功率
     调用 右马达 .持续转动
                功率 取 global 右功率
     设 左边功率 . 文本 为 取 global 左功率
     设 右边功率 . 文本 为 取 global 右功率
```

图 2-6-8　赛车体感控制器 APP 的主程序

（四）停止按钮程序设计

由于使用方向传感器不易将马达完全停止，所以需要设置机器人断开和蓝牙客户端的连接，以停止机器人运行。程序如图2-6-9所示。

图 2-6-9　停止按钮程序

四、程序运行调试

打开App Inventor开发伴侣，与安卓手机APP连接，手机与EV3机器人建立蓝牙连接。运行APP，仔细观察能否实现当手机向前倾时，机器人往前走；当手机竖直时，机器人停止前进；当手机向左倾时，机器人向左转；当手机向右倾时，机器人向右转。反复调试，直到运行正常。

手机里面除了方向传感器，还有哪些传感器？生活中我们会用到哪些手机传感器呢？

进一步完善赛车控制当中的“后退”控制。在手机的角度传感器中，由于往前翻转和往后翻转的参数有重复，导致控制赛车后退不灵敏。请同学们思考，通过什么方法，可以进一步精确控制后退参数。

加速度传感器

G-sensor的中文意思是加速度传感器，它能够感知加速力的变化。加速力就是当物体在加速过程中作用在物体上的力，比如晃动、跌落、上升、下降等受力。这些移动变化都能被G-sensor转化为电信号，然后通过微处理器的计算分析后，就能够完成程序设计好的功能。例如，MP3能根据使用者的甩动方向，前后更换歌曲，放进衣袋的时候还能够计算出使用者行走的步数。个别高端笔记本如IBM高端系列，也内置了G-sensor，在感知产生很大加速度时（如开始跌落），会立即保护硬盘，避免硬盘受损。简单地说，G-Sensor是智能化加速度感应系统，应用在硬盘上可以检测当前硬盘的状态。当发生意外跌落时，会产生加速度，硬盘感应到加速度突增，磁头就会自动归位，使盘体和磁头分离，防止在读写操作的时候受到意外的冲击，从而有效地保护硬盘。

在手机中应用此项技术，可以实现根据使用者的动作而进行相应操作。例如，某些互动游戏，使用者挥舞手机，游戏也会有相应的反应。

第三章 自定义数据库应用设计

·本章导言·

在前面章节，我们主要利用 App Inventor 开发了一些离线应用。Web 组件能够与外界进行数据通信，从而很好地实现功能拓展。本章我们开始思考如何利用 App Inventor 的 Web 组件访问自定义数据库中的资源，从而实现资源共享。接下来，我们将通过一个综合案例——英语听力题库 APP 设计，来熟悉 Web 组件的相关功能。

·知识导图·

自定义数据库设计与应用

1. 英语听力题库 APP 的设计
2. 注册与登录 APP 的设计
3. 成绩登记与查询 APP 的设计
4. 即时通信 APP 的设计

3.1 英语听力题库 APP 的设计

英语听力题库APP是利用App Inventor软件，基于Web开发的一个帮助使用者练习英语听力的题库系统。本项目设计需要载入文本并显示，还要处理音频文件的载入与播放，因此项目实现的综合复杂度比较高。题库资源（文本）存放在新浪云应用的代码管理区，音频资源存放在新浪云应用的Storage中。使用者可以用APP随机选择听力题，还可以根据自身情况自定步调进行听力练习，系统会及时根据做题情况进行打分，同时显示正确答案和题目的解析。APP架构如图3-1-1所示。

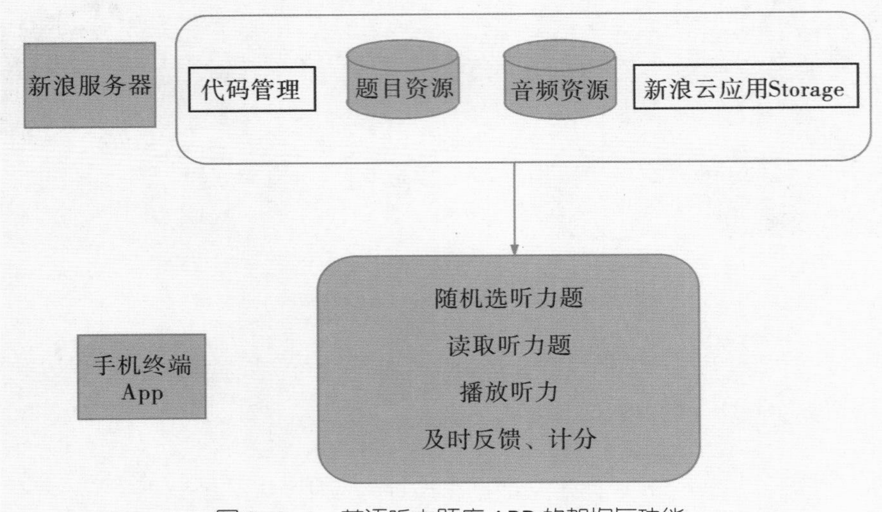

图 3-1-1　英语听力题库 APP 的架构与功能

❶学会使用新浪云应用的Storage功能存储音频资源。

❷学会在App Inventor中加载音频并控制播放。

『 3.1.1 英语听力题库 APP 前期准备 』

新浪云应用（Sina App Engine，简称SAE）是一个分布式Web应用/业务开发托管、运行平台。新浪云的数据存取功能非常强大，能够很好地支持云端存取。本节的题库资源存放在新浪云应用中，不仅能减轻手机中的内存负担，还便于内容的修改。

使用新浪微博（没有账号则需要先注册新浪微博账号）登录新浪云计算平台，网址http://sae.sina.com.cn。登录成功后，系统会跳转到确认身份页面，确认身份页面要填写的东西比较多（如图3-1-2所示），绑定的微博账号就是登录新浪云的账号，绑定的手机号需要填写并验证。确认身份时，除了需要绑定微博账号和手机号之外，还需要设置安全邮箱和安全密码。安全邮箱和安全密码非常重要，请勿遗忘和泄露！所有的必填项填写完毕后，勾选接受用户协议，点击下一步。

图 3-1-2 确认身份页面

身份信息确认完成后，就会跳转到注册成功界面，则表明我们已经成为SAE开发者，可以使用新浪云应用提供的相应功能了。

接下来可以进入用户中心，此时云平台没有任何应用。由于英语听力题库需要用到云应用中的在线编辑器，因此需要自行创建SAE云应用，点击“立即创建”，创建自己的云应用，如图3-1-3所示。

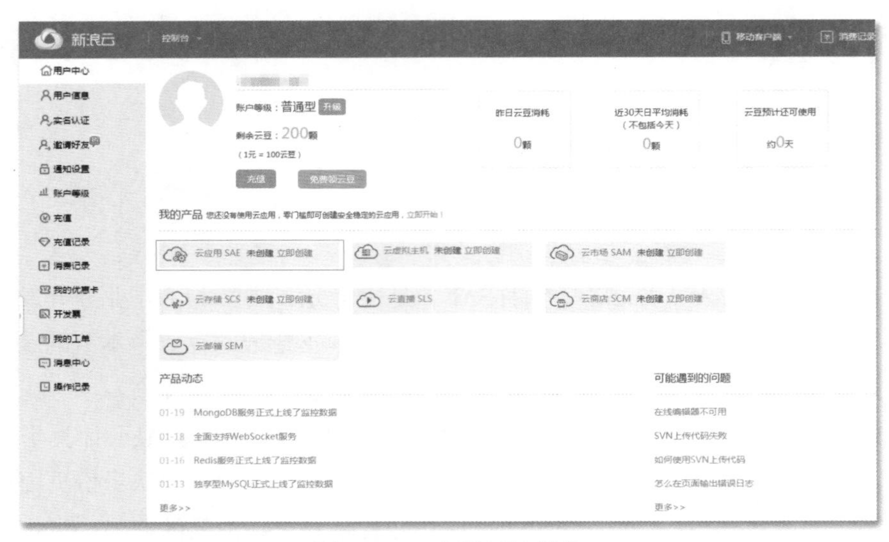

图 3–1–3　新浪云控制台

为了将资源存储到新浪云应用中，需要用到Storage服务，进入新浪云应用控制台，点击“存储与CDN服务”中的“Storage”选项，如图3–1–4所示。

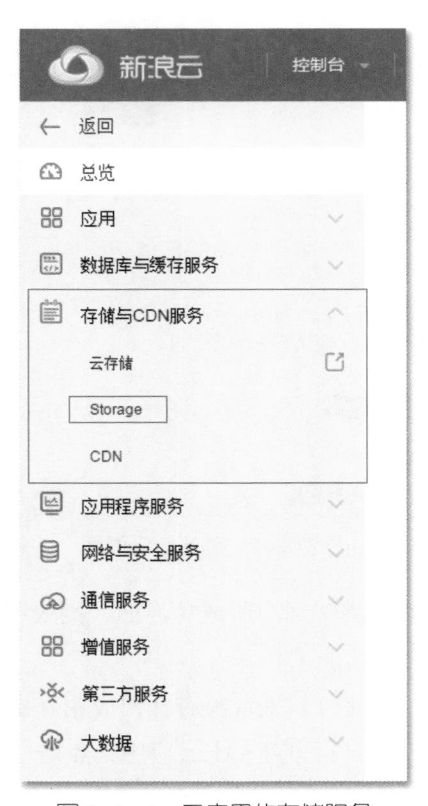

图 3–1–4　云应用的存储服务

Storage是一个分布式文件存储服务，可以用来存放文本、多媒体等各种类型的数据。进入Storage服务界面，点击“新建Bucket”按钮，Bucket中文名为水桶，是用来存放物品的工具。在这里，我们可以将Storage理解为一项服务，而Bucket则是提供存储的工具。Storage服务界面如图3-1-5所示。

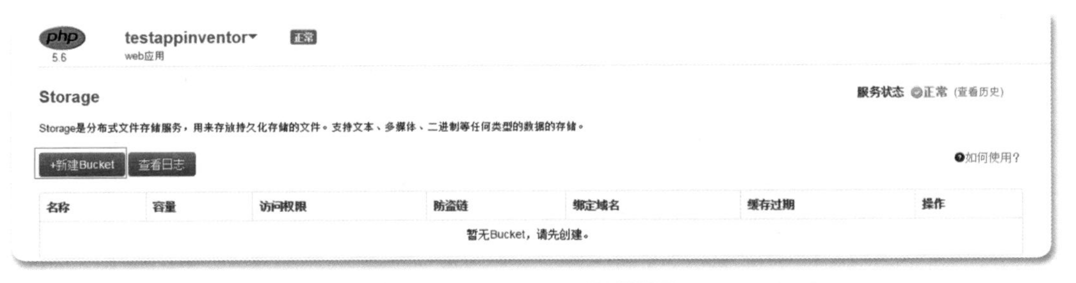

图 3-1-5 Storage 服务界面

接下来，创建Bucket及文件夹，在弹出的菜单中填写Bucket的名称为“test01”。点击“创建”按钮后，会弹出一个安全确认页面，要求填写安全密码，安全密码验证通过后便会提示Bucket创建成功。如图3-1-6和图3-1-7所示。

创建Bucket

test01

Bucket Name 只能含有数字或小写字母。

创建 取消

图 3-1-6 新建 Bucket

操作成功

您已经成功创建一个Bucket: test01

关闭

图 3-1-7 创建成功提示

点击“关闭”按钮，页面刷新后就会进入如图3-1-8所示的Storage管理界面，可以看到刚才新建的Bucket“test01”已经显示在页面中，是一个带有10GB容量、拥有公开访问权限的云存储器。点击test01，可以继续完成创建文件夹等任务。操作过程如图3-1-9、图3-1-10、图3-1-11所示。

图 3-1-8　Storage 管理界面

图 3-1-9　Bucket 管理界面

创建文件夹

文件夹名称　ListeningTest01

将会在文件夹下创建一个.placeholder文件

创建　取消

图 3-1-10　创建文件夹界面

图 3-1-11　文件夹创建完毕

文件夹创建完成后，单击“上传文件”按钮上传音频文件，如图3-1-12所示。点击“上传附件”按钮进入上传文件对话框，如图3-1-13所示。

图 3-1-12　向文件夹中上传文件

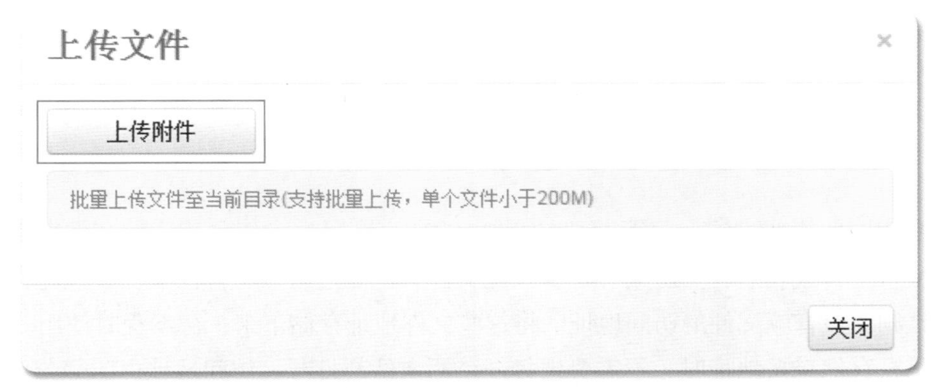

图 3-1-13　上传附件界面

找到计算机本地文件夹中的听力音频文件，可以全部选中批量上传，如图3-1-14和图3-1-15所示。

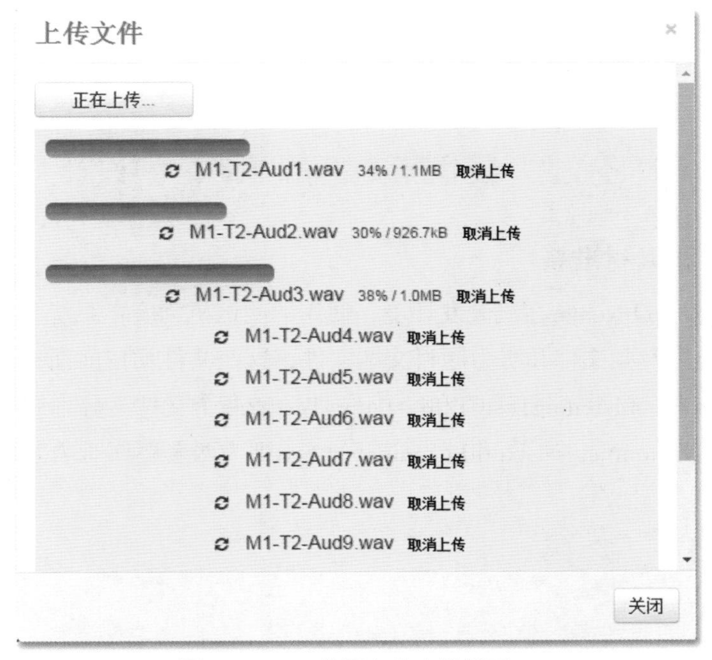

图 3-1-14　批量上传文件界面

新建文件夹 上传文件 删除 输入关键字搜索 搜索

名称	大小	类型	修改时间	操作
.placeholder	1B	文件	2017-02-17 14:59:41	删除
M1-T2-Aud1.wav	1.1M	文件	2017-02-17 15:03:22	删除
M1-T2-Aud10.wav	1M	文件	2017-02-17 15:03:45	删除
M1-T2-Aud2.wav	904.4K	文件	2017-02-17 15:03:23	删除
M1-T2-Aud3.wav	1M	文件	2017-02-17 15:03:20	删除
M1-T2-Aud4.wav	844.1K	文件	2017-02-17 15:03:29	删除
M1-T2-Aud5.wav	727.9K	文件	2017-02-17 15:03:28	删除
M1-T2-Aud6.wav	1.1M	文件	2017-02-17 15:03:34	删除
M1-T2-Aud7.wav	1.2M	文件	2017-02-17 15:03:43	删除
M1-T2-Aud8.wav	1M	文件	2017-02-17 15:03:37	删除
M1-T2-Aud9.wav	1.2M	文件	2017-02-17 15:03:46	删除

图 3-1-15　听力音频上传完毕

按照相同的操作方法，将第2套听力题中的10道题目也上传到相应的文件夹中。所有的音频文件上传成功后，点击某一个音频源文件，就能进入该文件的页面，浏览器地址栏中的地址则为该音频文件的访问地址。将这些文件地址存储下来，待编程时使用。

提示：存储链接地址时，不需要把每一个源文件都打开。访问地址由四部分组成，格式为：二级域名+storage地址+文件夹地址+音频文件名，前三部分都是固定的，第四部分则是音频文件名。由于音频文件命名是有规律的，因此同一个文件夹下音频文件的链接地址，只需要将后面的文件名改为当前文件名即可。

『 3.1.2　英语听力题库 APP 的设计 』

一、开发环境和素材准备

本项目采用App Inventor在线开发环境，使用的测试机为安卓系统手机。本次涉及的资源类素材包括听力音频文件和听力题目文本文件，这些文件均按前面提到的方法提前上传到新浪云Storage中，ListeningTest01和ListeningTest02两个文件夹分别用来存放两套题库听力音频文件，而Listeningtest1.txt和Listeningtest2.txt则为两套题库听力题的文本文件，如图3-1-16所示。

图 3-1-16　英语听力题库数据准备界面

听力题目文本的格式编辑采用自定义分隔符，具体如何利用分隔符来读取试题信息，后面会有详细解释，题目格式如图3-1-17所示。

```
<题目>
Conversation 1
The woman is applying for the position as a secretary.
A. True
B. False
<答案>B</答案><解释>as a sales manager</解释></题目>
--------
<题目>
Conversation 2
They will make a survey about how their products are received at the market.
A. True
B. False
<答案>A</答案><解释>find out whether the costumers are satisfied with our products</解释></题目>
--------
<题目>
Conversation 3
Tom has difficulties communicating with people.
A. True
B. False
<答案>A</ 答案><解释>I was not so good at dealing with people; interpersonal skills</解释></题目>
--------
<题目>
Conversation 4
John balances his family and work by having a good plan.
A. True
B. False
<答案>B</答案><解释>I find it quite difficult to balance my work and family.</解释></题目>
--------
```

图 3-1-17　英语听力题目

二、程序流程图

英语听力题库APP主要实现的功能是：通过选取试题，从云端数据库读取题目的文本和音频文件，然后对返回的数据进行处理，显示文本并播放音频。程序流程图如图3-1-18所示。

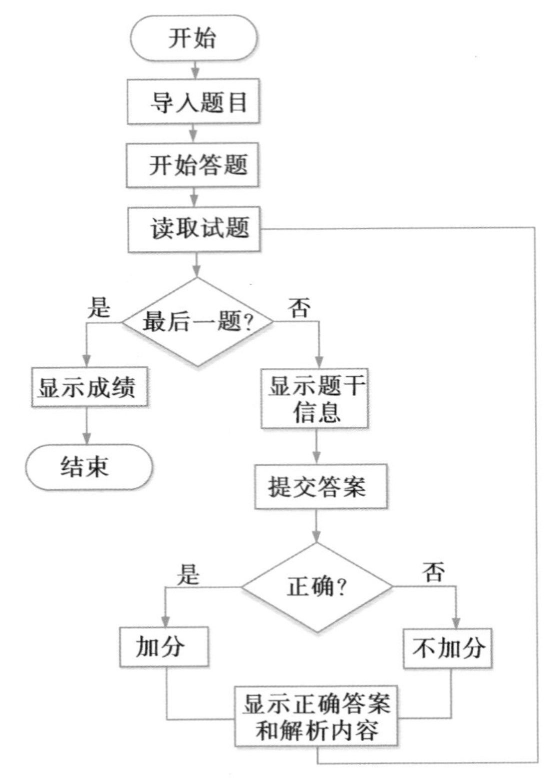

图 3-1-18　英语听力题库 APP 程序流程图

三、界面设计

英语听力题库APP界面设计包含22个可视组件，2个非可视组件。APP界面设计和相关组件如图3-1-19和图3-1-20所示。

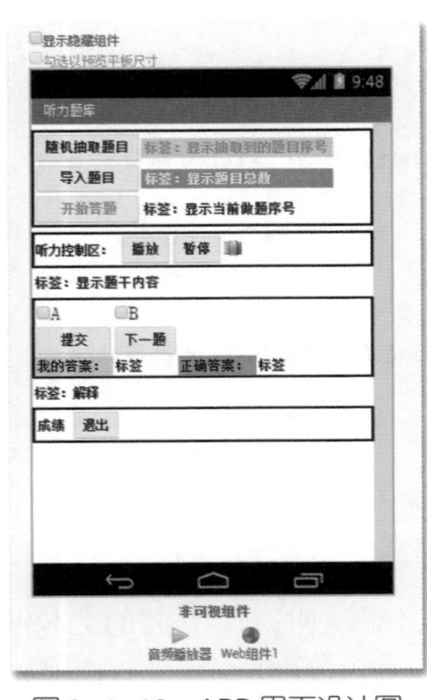

图 3-1-19　APP 界面设计图

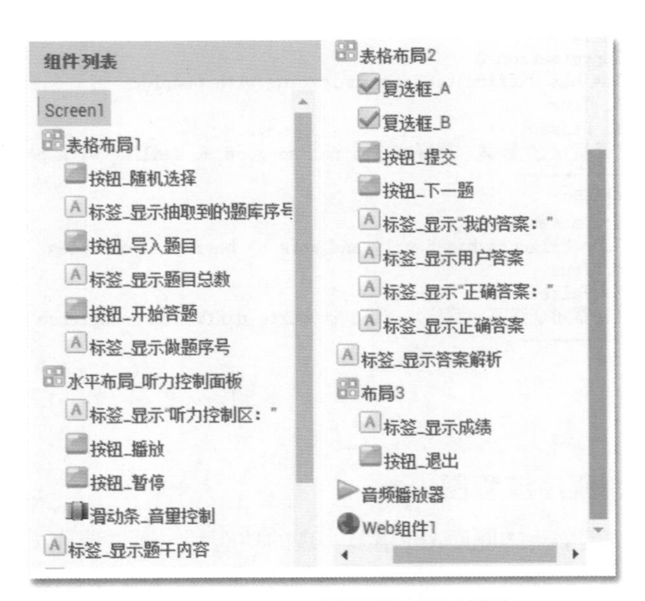

图 3-1-20　APP 界面设计相关组件

按钮_随机选择：用来处理随机抽取题库命令；
标签_显示抽取到的题库序号：用来显示抽取到的题库序号；
按钮_导入题目：用来响应随机导入试题操作；
标签_显示题目总数：用来显示试题总数；
按钮_开始答题：用来响应开始答题操作；
标签_显示做题序号：用来显示当前做题序号；
标签_显示“听力控制区：”：用来显示文本“听力控制区：”；
按钮_播放：用来控制音频播放；
按钮_暂停：用来控制暂停音频播放；
滑动条_音量控制：用来调节音量大小；
标签_显示题干内容：用来显示听力题的题干信息；
复选框_A：A选项；
复选框_B：B选项；
按钮_提交：提交题目答案；
按钮_下一题：跳转到下一题；
标签_显示“我的答案：”：用来显示文本“我的答案：”；
标签_显示用户答案：用来显示用户提交的答案；
标签_显示“正确答案：”：用来显示文本“正确答案：”；
标签_显示正确答案：用来显示题目的正确答案；
标签_显示答案解析：用来显示答案解析内容；
标签_显示成绩：显示用户最终成绩；
按钮_退出：退出应用；
音频播放器：用来播放听力音频；
Web组件1：用来访问新浪云应用Storage中的听力文本文件。
组件详细属性如表3-1-1所示。

表3-1-1 组件详细属性

组件	背景颜色	字号	高度	宽度	文本	文本颜色
按钮_随机选择	默认	15	自动	自动	随机抽取题库	默认
标签_显示抽取到的题库序号	浅灰	15	自动	充满	标签：显示抽取到的题库序号	红色
按钮_导入题目	默认	15	自动	自动	导入题目	默认
标签_显示题目总数	灰色	15	自动	自动	标签：显示题目总数	黄色
按钮_开始答题	默认	15	自动	自动	开始答题	红色
标签_显示做题序号	默认	15	自动	自动	标签：显示做题序号	黑色
标签_显示“听力控制区：”	透明	14	自动	自动	听力控制区：	黑色
按钮_播放	默认	15	自动	自动	播放	默认
按钮_暂停	默认	15	自动	自动	暂停	默认
滑动条_音量控制	橙色					
标签_显示题干内容	透明	15	自动	充满	标签：显示题干内容	黑色
复选框_A	透明	20	自动	自动	A	黑色
复选框_B	透明	20	自动	自动	B	黑色
按钮_提交	默认	15	自动	自动	提交	默认
按钮_下一题	默认	15	自动	自动	下一题	默认
标签_显示“我的答案：”	橙色	15	自动	自动	我的答案：	黑色
标签_显示用户答案	透明	15	自动	充满	标签：显示用户答案	黑色
标签_显示“正确答案：”	红色	15	自动	自动	正确答案：	黑色
标签_显示正确答案	透明	15	自动	100	标签：显示正确答案	黑色
标签_显示答案解析	透明	14	自动	充满	标签：显示答案解析	黑色
标签_显示成绩	透明	15	自动	充满	标签：显示成绩	黑色
按钮_退出	默认	14	自动	自动	退出	默认

四、程序设计

（一）初始化变量——列表变量

ExamList：列表变量，用于存放随机读取的听力音频文本链接。

listeningtext：列表变量，用来存放2套听力音频的文本文件链接。

listeningvideo：二级列表变量，列表中的第一个列表元素包含了第一套听力题的10道题目的访问链接；第二个列表元素包含了第二套听力题的10道题目的访问链接。如图3-1-21所示。

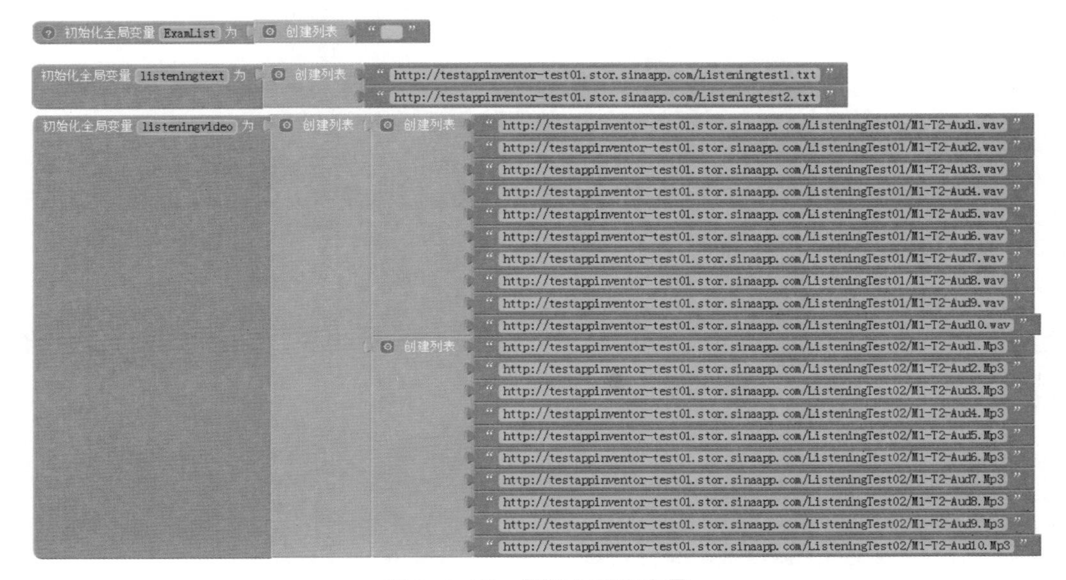

图3-1-21　初始化列表变量

（二）初始化变量——文本变量

程序中使用的文本变量如图3-1-22所示，主要包括ContentOfWhole、ContentOfExam、RightAnswer、Explanation及weblink。

图3-1-22　初始化文本变量

ContentOfWhole用来存放每一道题目的所有信息，具体存储内容为题库文本中从<题目>到</题目>之间的所有信息，如图3-1-23所示。

```
Listeningtest1.txt - 记事本
文件(F) 编辑(E) 格式(O) 查看(V) 帮助(H)
<题目>
Conversation 1
The woman is applying for the position as a secretary.
A. True
B. False
<答案>B</答案><解释>as a sales manager</解释></题目>
-----------
<题目>
Conversation 2
They will make a survey about how their products are received at the market.
A. True
B. False
<答案>A</答案><解释>find out whether the costumers are satisfied with our products</解释></题目>
```

图3-1-23　题目处理

ContentOfExam用来存放每一道题目的题干信息，具体存储内容为从<题目>到<答案>之间的所有信息，如图3-1-24所示。

```
Listeningtest1.txt - 记事本
文件(F) 编辑(E) 格式(O) 查看(V) 帮助(H)
<题目>
Conversation 1
The woman is applying for the position as a secretary.
A. True
B. False
<答案>B</答案><解释>as a sales manager</解释></题目>
-----------
<题目>
Conversation 2
They will make a survey about how their products are received at the market.
A. True
B. False
<答案>A</答案><解释>find out whether the costumers are satisfied with our products</解释></题目>
```

图3-1-24　题干处理

RightAnswer用来存放正确答案，具体存储内容为从<答案>到</答案>之间的所有信息，如图3-1-25所示。

```
Listeningtest1.txt - 记事本
文件(F) 编辑(E) 格式(O) 查看(V) 帮助(H)
<题目>
Conversation 1
The woman is applying for the position as a secretary.
A. True
B. False
<答案>B</答案><解释>as a sales manager</解释></题目>
-----------
<题目>
Conversation 2
They will make a survey about how their products are received at the market.
A. True
B. False
<答案>A</答案><解释>find out whether the costumers are satisfied with our products</解释></题目>
```

图3-1-25　答案处理

Explanation用来存放答案解析，具体存储内容为从<解释>到</解释>之间的所有信息，如图3-1-26所示。

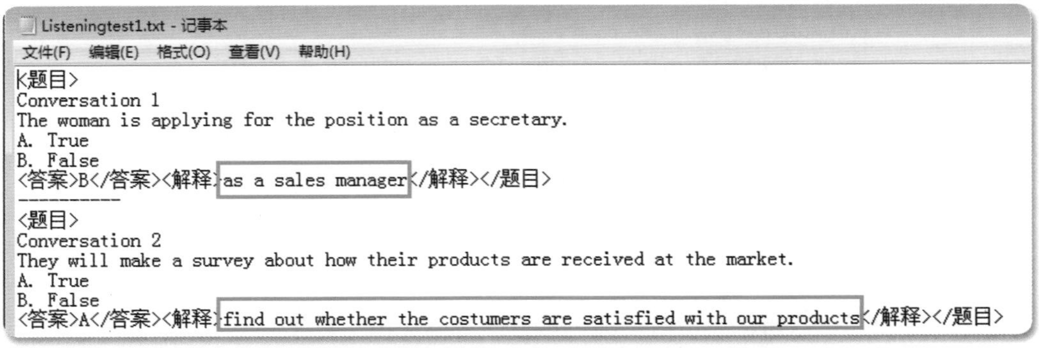

```
Listeningtest1.txt - 记事本
文件(F) 编辑(E) 格式(O) 查看(V) 帮助(H)
<题目>
Conversation 1
The woman is applying for the position as a secretary.
A. True
B. False
<答案>B</答案><解释>as a sales manager</解释></题目>
-----------
<题目>
Conversation 2
They will make a survey about how their products are received at the market.
A. True
B. False
<答案>A</答案><解释>find out whether the costumers are satisfied with our products</解释></题目>
```

图 3-1-26　解释处理

Weblink主要用于存储听力题目文件的访问链接。

（三）初始化变量——数字变量

APP中涉及的数字变量如图3-1-27所示。其中，RandomNumber用来存放随机数；CurrentIndex用来存放当前题目的指针；NumberOfExam用来存放题目总数；Score用来存放成绩；Position1、Position2、Position3、Position4为四个位置变量，四个变量的具体位置如图3-1-28所示。

初始化全局变量 RandomNumber 为 0

初始化全局变量 CurrentIndex 为 0

初始化全局变量 NumberOfExam 为 0

初始化全局变量 Score 为 0

初始化全局变量 Position1 为 0

初始化全局变量 Position2 为 0

初始化全局变量 Position3 为 0

初始化全局变量 Position4 为 0

图 3-1-27　初始化数字变量

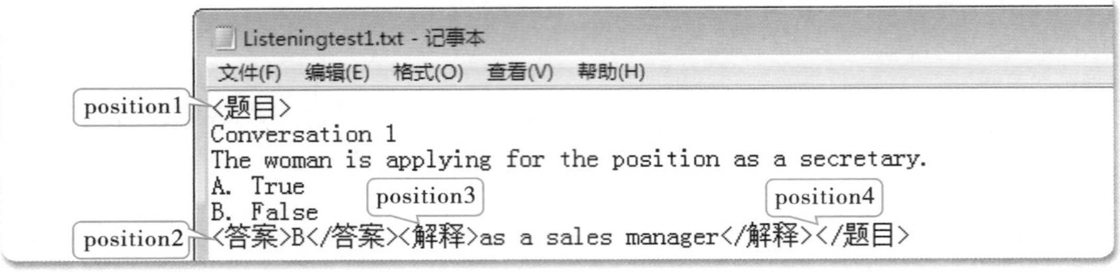

图 3-1-28　位置变量对应的具体位置

（四）随机选题

当“随机选题”按钮被点击时，随机选取随机数（由于这里只有两套题，因此选择范围为1~2 随机整数从 1 到 2  ），将取得的随机数作为参数索引从列表listeningtext中获取听力文本链接地址；然后，在标签中显示抽取到的题库序号。为防止出错，可将随机选择选题的按钮禁用，并启用“导入题目”按钮。如图3-1-29所示。

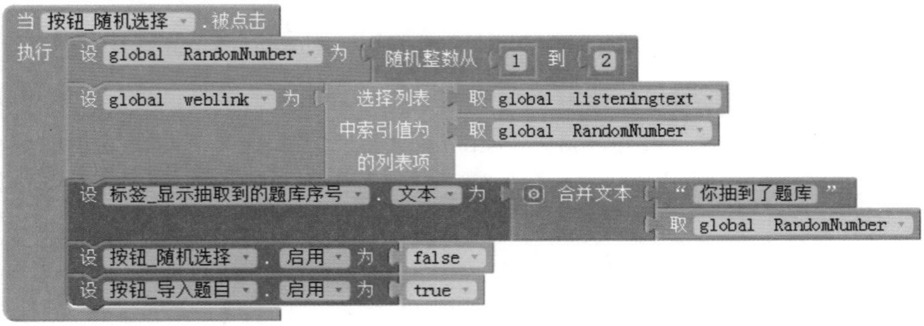

图 3-1-29　随机选择题目

（五）导入题目

当“导入题目”按钮被点击时，获取的听力文本链接地址被提交给Web组件并执行“Get”请求，以抓取题目文本信息；然后，将“导入题目”按钮禁用，并启用“开始答题”按钮。如图3-1-30所示。

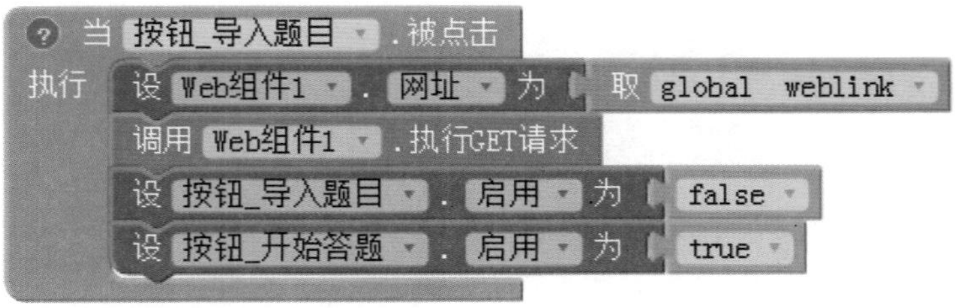

图 3-1-30　导入题目

执行完“Get”请求后，如果Web组件能够顺利抓取到链接对应的内容，那么接下来就需要在Web组件的获得文本事件中对获得的内容进行处理。把所有的题目内容用分隔符“---------”分解，并存放在列表变量ExamList中，通过求列表长度方法获取题目总数，并在相应的标签中显示导入题目的总数。如图3-1-31所示。

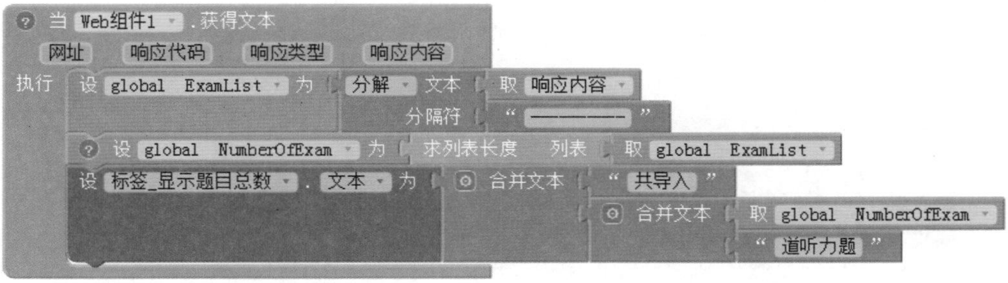

当 Web组件1 .获得文本
网址 响应代码 响应类型 响应内容
执行 设 global ExamList 为 分解 文本 取 响应内容
分隔符 “ --------- ”
设 global NumberOfExam 为 求列表长度 列表 取 global ExamList
设 标签_显示题目总数 . 文本 为 合并文本 “ 共导入 ”
合并文本 取 global NumberOfExam
“ 道听力题 ”

图 3-1-31　处理 Web 组件的获得文本事件

（六）定义过程“init”

定义初始化过程“init”，初始化主要作用是清空标签的显示内容，被清空的标签主要包括显示用户答案标签、显示正确答案标签、显示成绩标签、显示答案解析标签；初始化完成后，将两个复选框的选中状态设置为“false”，启用提交按钮，允许用户提交答案，将退出按钮禁用，答题期间不允许退出。如图3-1-32所示。

定义过程 init
执行语句 设 标签_显示用户答案 . 文本 为 “ ”
设 标签_显示正确答案 . 文本 为 “ ”
设 标签_显示成绩 . 文本 为 “ ”
设 标签_显示答案解析 . 文本 为 “ ”
设 复选框_A . 选中 为 false
设 复选框_B . 选中 为 false
设 按钮_提交 . 启用 为 true
设 按钮_退出 . 启用 为 false

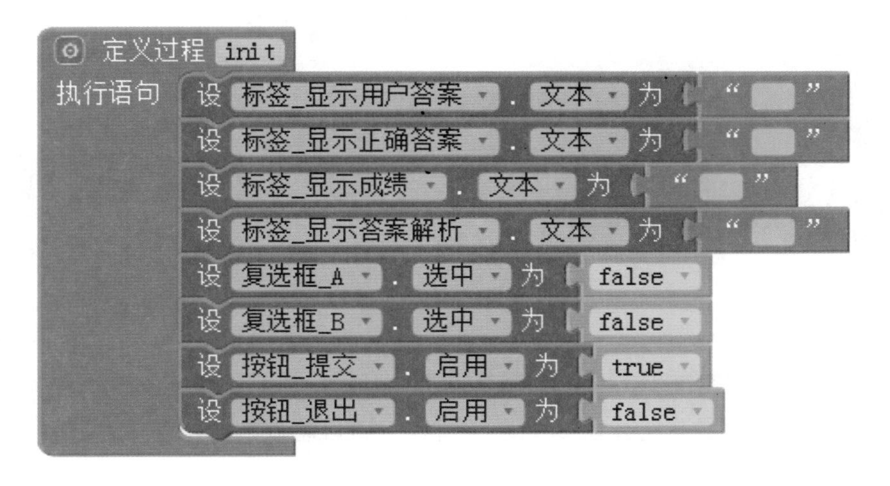

图 3-1-32　定义过程“init”

（七）定义过程“split”

这里的“split”过程实现的功能是通过获取位置进而获得字串的长度，利用文本取字符串中相应字串的方法就可以取出题干信息、答案和解释。如图3-1-33和图3-1-34所示。

定义过程 split index
执行语句 设 global ContentOfWhole 为 选择列表 取 global ExamList 中索引值为 取 index 的列表项
设 global Position1 为 求子串 " <题目> " 在文本 取 global ContentOfWhole 中的起始位置
设 global Position2 为 求子串 " <答案> " 在文本 取 global ContentOfWhole 中的起始位置
设 global Position3 为 求子串 " <解释> " 在文本 取 global ContentOfWhole 中的起始位置
设 global Position4 为 求子串 " </题目> " 在文本 取 global ContentOfWhole 中的起始位置

图 3-1-33　定义过程“split”（1）

设 global ContentOfExam 为 从文本 取 global ContentOfWhole 第 取 global Position1 + 4 位置提取长度为 取 global Position2 - 取 global Position1 + 4 的子串
设 global RightAnswer 为 从文本 取 global ContentOfWhole 第 取 global Position2 + 4 位置提取长度为 1 的子串
设 global Explanation 为 从文本 取 global ContentOfWhole 第 取 global Position3 + 4 位置提取长度为 取 global Position4 - 5 - 取 global Position3 + 4 的子串

图 3-1-34　定义过程“split”（2）

（八）开始答题

当“开始答题”按钮被点击时，禁用其自身，启用“播放”按钮和“暂停”按钮；将当前题目索引与题目总数进行比较，如果索引小于题目总数则调用“init”初始化界面，并将“开始答题”按钮文本信息显示为“答题中…”，然后将当前题目索引加1。接下来，设置音频播放器的源文件。这里需要注意的是，听力素材列表是一个二级列表，该列表中存放了两个一级列表，每个一级列表中又分别存放着10个音频文件的链接。因此，想要获得当前的音频链接，则需要通过两次操作。

音频播放器的源文件设置完成后，调用“split”过程，提取题目，获得题干信息、答案和解释。最后，将题干信息和当前做题序号显示在相应的标签中。如图3-1-35所示。

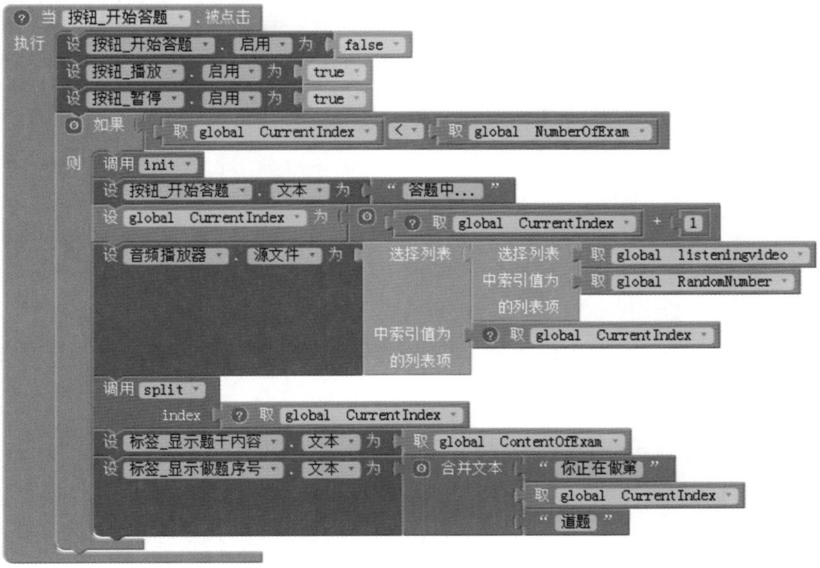

图3-1-35 处理“开始答题”按钮

（九）提交按钮

当“提交”按钮被单击时，禁用其本身，通过判断哪个复选框被选中来判断当前用户选择的答案，比较用户答案和正确答案，如果两者相同则做加分处理；然后，判断当前题目序号是否小于题目总数，小于则表示题目没有做完，启用“下一题”按钮；如果不小于题目总数则表示题目已经做完，此时显示最后的成绩和答题准确率；最后，在相应的标签中显示用户答案、正确答案和答案解析。如图3-1-36所示。

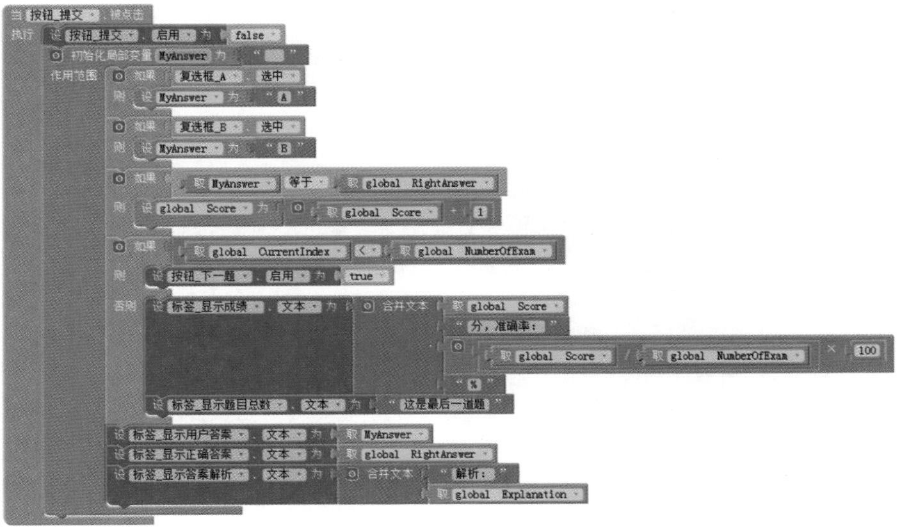

图3-1-36 处理“提交”按钮

这里，需要将复选框功能改为单选框功能，思路是：当前复选框如果被选中，则将另一个复选框的选中设置为“false”，即不被选中，这样就能满足每次只有一个复选框被选中，从而实现单选框功能。如图3-1-37所示。

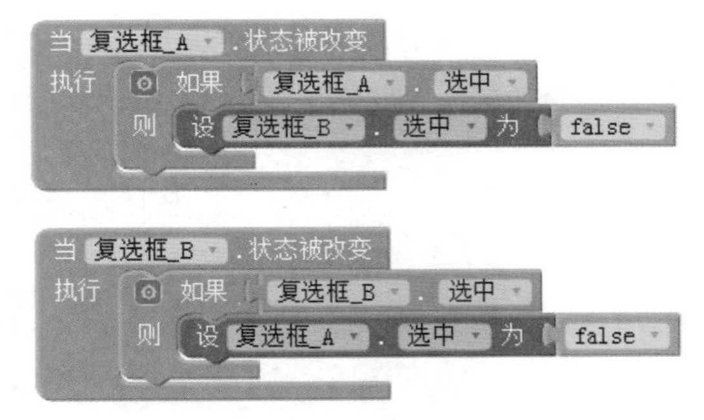

图3-1-37　实现单选框功能

（十）“下一题”按钮

设置“下一题”按钮的启用为“false”，这是为了防止用户没有提交答案就直接点击下一题。调用“init”过程，清空所有标签显示的内容，将当前索引加1，设置音频播放器的源文件（这里的访问链接同样是存放在二级列表中，读取的时候注意索引要正确）。然后，调用“split”过程读取题目，这里的操作跟开始答题处的代码相似。最后，通过索引值判断是否已经做到最后一题（即当前题目索引大于题目总数），如果已经做到最后一题，就提示“没有试题了”。重新将“随机选择”按钮和“退出”按钮恢复启用状态，并禁用“提交”按钮。如图3-1-38所示。

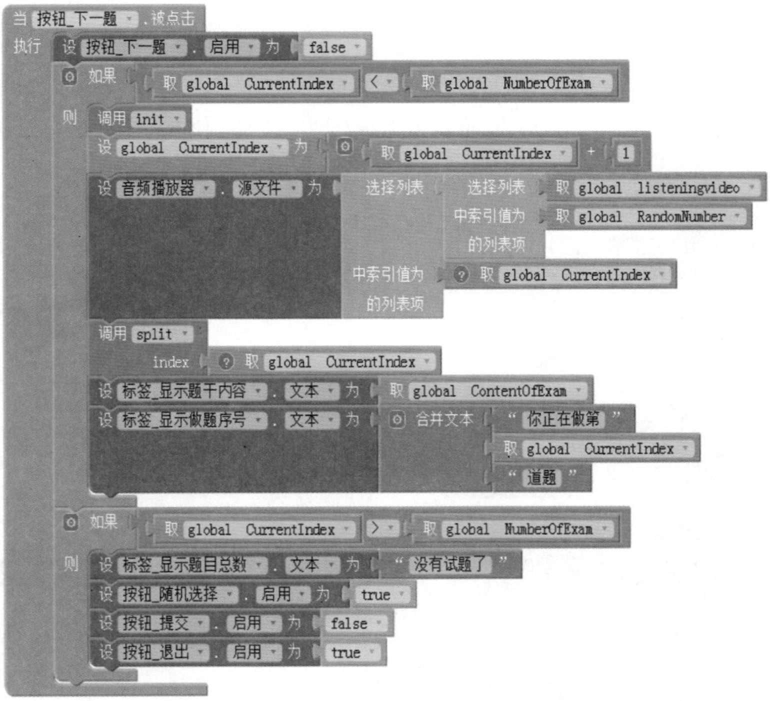

图3-1-38　处理“下一题”按钮

（十一）控制音频播放器

当“播放”按钮被点击时，则调用音乐播放器的开始程序，播放当前听力文件；当“暂停”按钮被点击时，则调用音乐播放器的暂停程序，暂停播放听力文件。这样，就可以实现自定步调来学习英语听力。另外，通过拖动滑块位置可以调整听力音量大小。如图3-1-39所示。

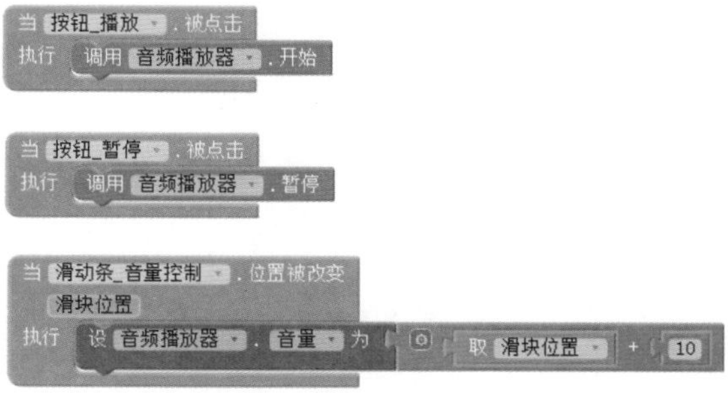

当 按钮_播放 .被点击
执行 调用 音频播放器 .开始

当 按钮_暂停 .被点击
执行 调用 音频播放器 .暂停

当 滑动条_音量控制 .位置被改变
滑块位置
执行 设 音频播放器 . 音量 为 取 滑块位置 + 10

图 3-1-39　控制音频播放器

（十二）“退出”按钮

当“退出”按钮被点击，则执行退出程序。如图3-1-40所示。

当 按钮_退出 .被点击
执行 退出程序

图 3-1-40　处理“退出”按钮

五、程序运行调试

打开英语听力题库APP，点击“随机抽取题库”按钮则进行随机抽题，此时显示抽取到题库1；接着，点击“导入题目”按钮，则会计算题目总数，并在标签显示区域显示导入的题目总数；当“答题”按钮被点击时，“答题”按钮被禁用，显示“答题中…”，当前答题序号显示在右边的标签中，题干信息则会显示在中间的标签中。通过听力控制区的按钮和滑动条来控制听力音频的播放和声音的调节。做完当前题目后点击“提交”按钮，便会获得即时反馈；当做完所有的题目并点击“提交”按钮之后，看能否得到最后的总分及准确率。反复调试程序，直到得到满意结果。调试界面如图3-1-41和图3-1-42所示。

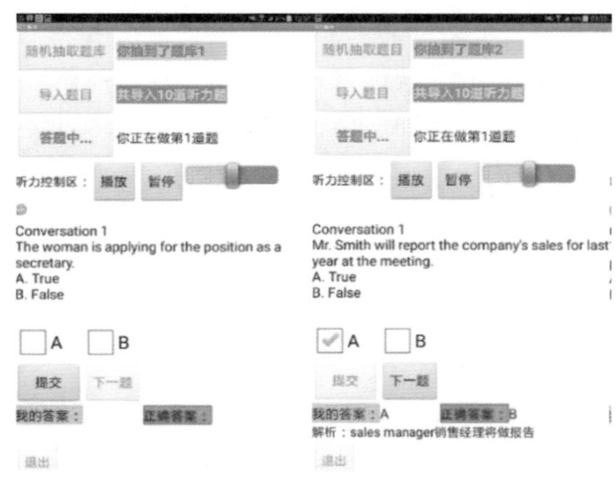

图 3-1-41　调试界面（1）

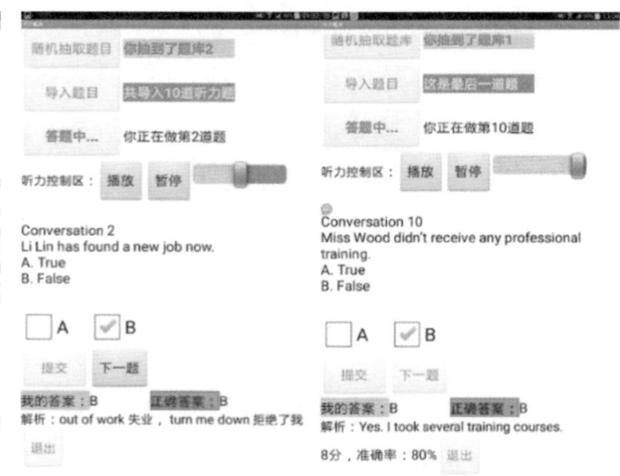

图 3-1-42　调试界面（2）

同学们通过本项目的学习，将项目设计成果在小组或全班进行展示和交流分享。

同学们参照本项目APP的设计，尝试设计一个语文生字词听写题库APP。

新浪云应用简介

新浪云应用SAE作为国内的公共云计算平台，从开发伊始便借鉴吸纳了Google（谷歌）、Amazon（亚马逊）等国外公司的公共云计算平台的成功技术经验，并很快推出有别于国外公司、具有自身特色的App Engine。SAE选择在国内流行最广的Web开发语言PHP作为首选的支持语言，Web开发者可以在Linux/Mac/Windows上通过SVN或者Web版在线代码编辑器进行开发、部署、调试，团队开发时还可以进行成员协作，不同的角色将对代码、项目拥有不同的权限。SAE提供了一系列分布式计算、存储服务供开发者使用，包括分布式文件存储、分布式数据库集群、分布式缓存、分布式定时服务等，这些服务将大大降低开发者的开发成本。同时，又由于SAE整体架构的可靠性高和新浪的品牌保证，开发者的运营风险大大降低。另外，作为典型的云计算，SAE采用“所付即所用，所付仅所用”的计费理念，通过日志和统计中心精确地计算每个应用的资源消耗（包括CPU、内存、磁盘等）。

3.2 注册与登录 APP 的设计

如何实现从移动端直接存取数据呢？一个比较有效的方法是建立专用数据库。本项目以设计注册与登录APP为切入点，通过访问外部数据库来实现数据表的编辑和访问，而这些操作均可在移动端完成。

❶学会应用新浪云应用中的共享性MySQL数据库搭建数据表。

❷学会用PHP脚本访问数据表中的数据。

『 3.2.1 设计注册与登录 APP 的相关技术 』

一、搭建数据表

（一）创建共享性数据库

点击应用名称，进入该应用管理界面，如图3-2-1所示。

图3-2-1 点击应用名称进入应用

在“数据库与缓存服务”中点击“共享型MySQL”，如图3-2-2所示。

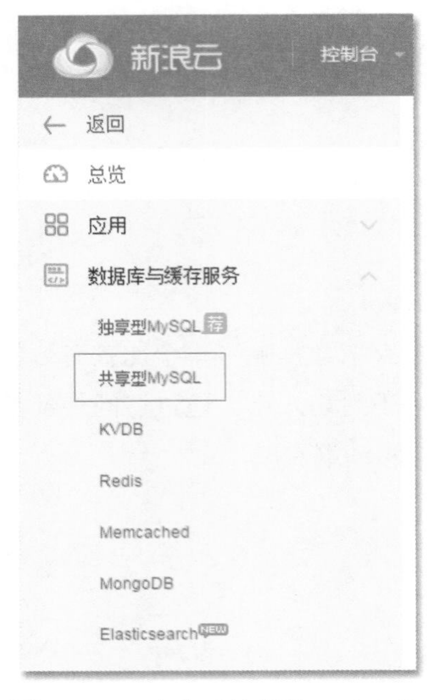

图 3-2-2　点击“共享型 MySQL”

在共享型MySQL页面中点击“+创建MySQL”，如图3-2-3所示。

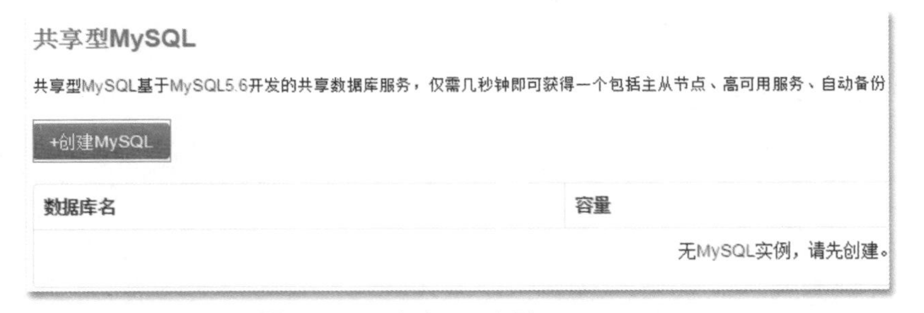

图 3-2-3　点击“+ 创建 MySQL”

通过以上几步操作，共享型数据库就创建好了，在数据库管理界面中可以看到有个名为“app_testappinventor”的数据库。在界面中点击“管理”，如图3-2-4所示。

图 3-2-4　数据库管理界面

（二）创建数据表

创建一个带有3个字段的数据表（id为主键，且为自动增长），如图3-2-5所示。

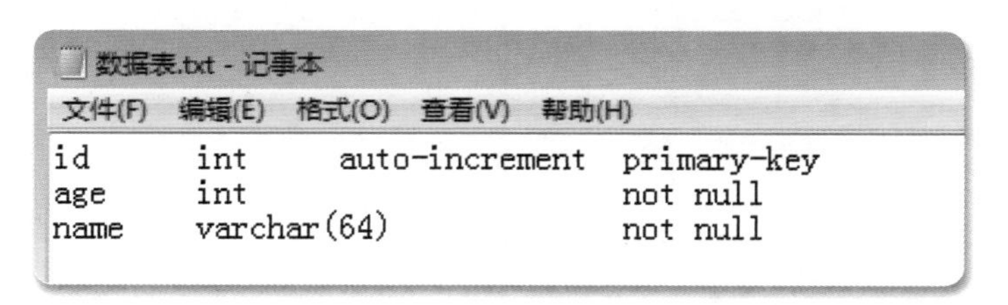

数据表.txt - 记事本
文件(F) 编辑(E) 格式(O) 查看(V) 帮助(H)
id int auto-increment primary-key
age int not null
name varchar(64) not null

图3-2-5　数据表

进入数据库界面，此时该数据库中没有任何数据表，在新建数据表处填上数据表名称“test”，字段数“3”，如图3-2-6所示，点击“执行”按钮。

w.rdc.sae.sina.com.cn:3307
app_testappinventor
结构
SQL
搜索
查询
导出
导入
操作
数据库中没有表。
在数据库 app_testappinventor 中新建一个数据表
名字：
test
字段数：
3

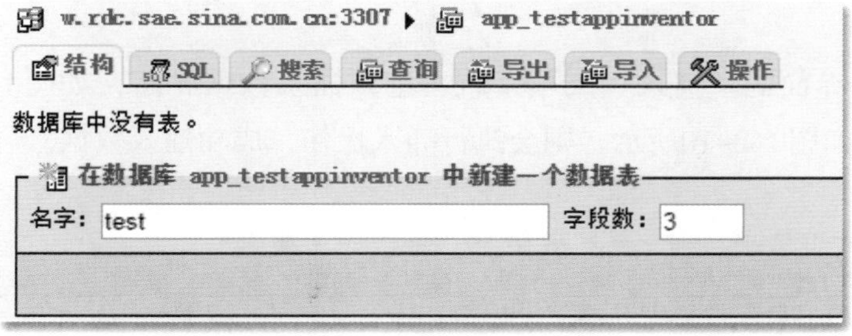

图3-2-6　新建数据表界面

进入字段编辑界面，参照如图3-2-5所示的数据表，在弹出的界面填写3个字段的主要信息，如图3-2-7所示。

w.rdc.sae.sina.com.cn:3307
app_testappinventor
test
字段
类型
长度/值
默认
整理
属性
空
索引
AUTO_INCREMENT
注释
id
age
name
INT
VARCHAR
8
64
无
PRIMARY
表注释：
存储引擎：
InnoDB
整理：
保存
或 添加
个字段
执行

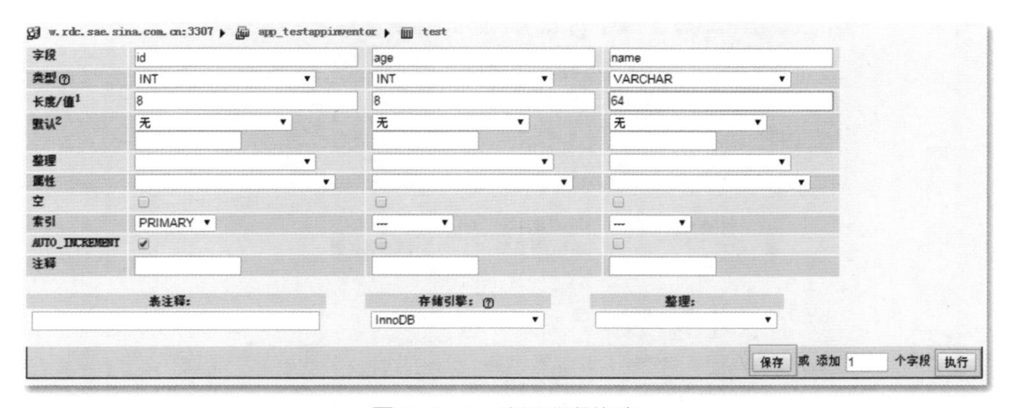

图3-2-7　填写字段信息

填写完毕后点击“保存”或“执行”，就会跳转到成功创建数据表界面，效果如图3-2-8所示。

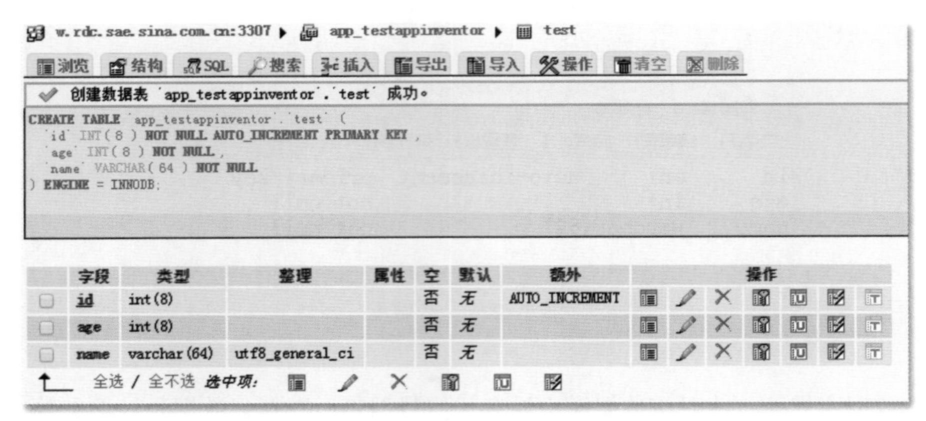

图 3-2-8　成功创建数据表

（三）增删改查操作

1．增加数据

点击数据表界面的“插入”菜单，就会进入插入数据界面，如图3-2-9所示。点击“执行”按钮，如图3-2-10所示，则会执行插入操作，成功插入数据。

图 3-2-9　插入数据到数据表

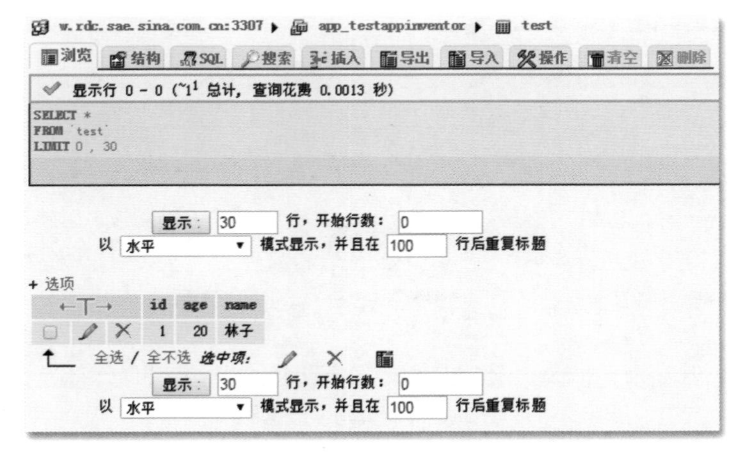

图 3-2-10　成功插入数据界面

2．删除数据

数据表中有三个数据，如果想删除第一个数据，具体做法是勾选要删除的数据，然后点击红色叉号，如图3–2–11所示。

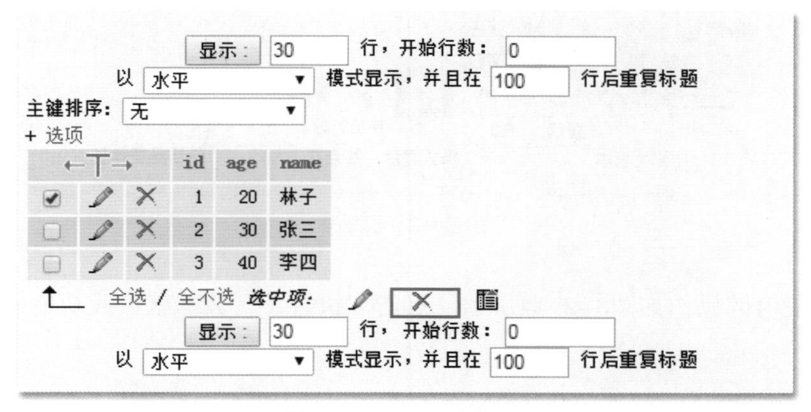

图 3–2–11　删除数据

这时，会弹出删除确认对话框。选择“是”，则会执行删除操作，id为1的用户就被删除了，如图3–2–12所示。

w.rdc.sae.sina.com.cn:3307 ▸ app_testappinventor ▸ test
浏览 结构 SQL 搜索 插入 导出 导入 操作 清空 删除
您的 SQL 语句已成功运行
DELETE FROM `app_testappinventor`.`test` WHERE `test`.`id` =1;
显示行 0 - 1 (~2 总计，查询花费 0.0008 秒)
SELECT *
FROM `test`
LIMIT 0 , 30
显示：30 行，开始行数：0
以 水平 模式显示，并且在 100 行后重复标题
主键排序：无
部分文字　显示二进制内容　隐藏 浏览器转换
完整文字　显示 BLOB 内容
以十六进制显示二进制内容
id age name
2 30 张三
3 40 李四
全选 / 全不选 选中项：

图 3–2–12　数据删除成功界面

3．修改数据

选中要修改的数据，点击笔形图标，如图3-2-13所示，进入编辑界面。

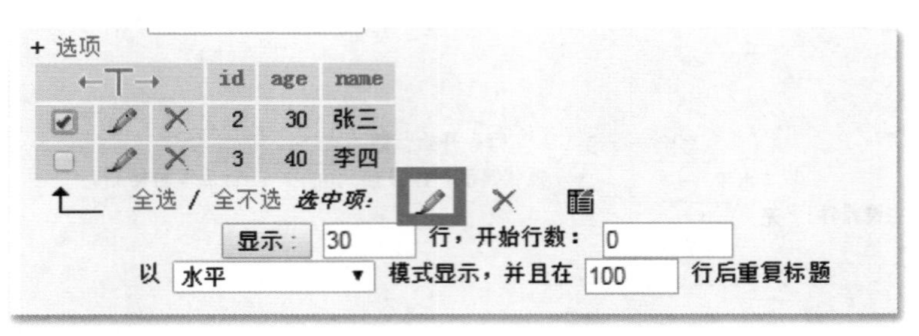

图 3-2-13　编辑界面

修改字段值的操作如图3-2-14所示，点击“执行”，数据就被成功地修改了，如图3-2-15所示。

w.rdc.sae.sina.com.cn:3307 ▶ app_testappinventor ▶ test

浏览　结构　SQL　搜索　插入　导出　导入　操作　清空　删除

字段	类型	函数	空	值
id	int(8)			2
age	int(8)			33
name	varchar(64)			张三

执行

图 3-2-14　修改数据界面

影响了 1 行。

```
UPDATE `app_testappinventor`.`test` SET `age` = '33' WHERE `test`.`id` =2;
```

显示行 0 - 1 (~2[1] 总计，查询花费 0.0008 秒)

```
SELECT *
FROM `test`
LIMIT 0 , 30
```

显示: 30 行，开始行数: 0

以 水平 模式显示，并且在 100 行后重复标题

主键排序: 无

+ 选项

id	age	name
2	33	张三
3	40	李四

全选 / 全不选 选中项:

显示: 30 行，开始行数: 0

以 水平 模式显示，并且在 100 行后重复标题

图 3-2-15　数据修改成功界面

4. 查找数据

在菜单栏中点击“搜索”，可以搜索任何一个字段的值。如果想查找用户名为“张三”的用户，在name字段值一栏填写“张三”，点击“执行”，如图3-2-16所示。数据表中用户名为张三的数据就可以被查找出来，如图3-2-17所示。

通过以上几步操作，即可完成新浪云共享型MySql数据库的增删改查操作。

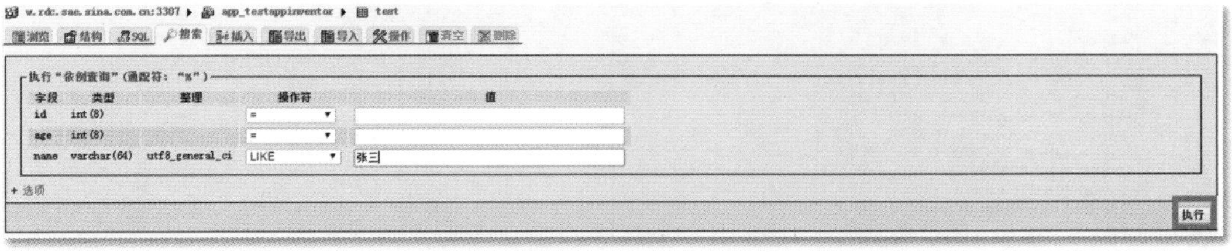

图3-2-16　搜索字段值的界面

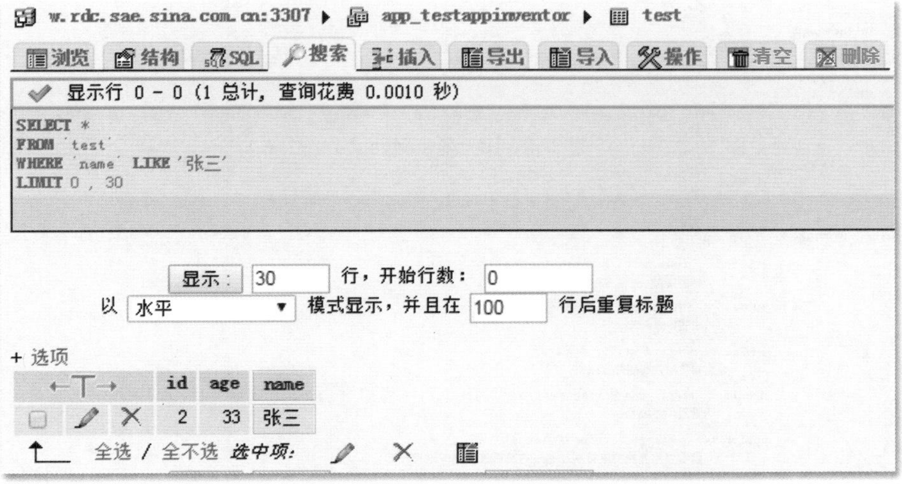

图3-2-17　查找结果界面

二、官方 PHP API 的用法

本项目需要用PHP脚本来访问数据库，因此，通过阅读官方PHP API文档则可以帮助了解SaeMysql的具体用法。从图3-2-18中可以看出SaeMysql是一个继承SaeObject的子类，该类中提供了很多方法（方法是指能够独立实现某个功能的函数，已经被封装好，用户可以直接调用）。

本项目主要用到affectedRows（）、runSql（string $sql）和getData（string $sql）这三个方法。affectedRows（）为不带参数的方法，表示执行的操作影响的行数，其返回的结果是整型数据，表示影响的行数；runSql（string $sql）和getData（string $sql）是两种带参数的方法，两者的功能都是执行查询功能，参数也均为字符串类型的查询语句，区别在于前者不返回查询的结果集，而后者会以数组的形式返回结果集。SaeMysql的方法总结如图3-2-19所示。

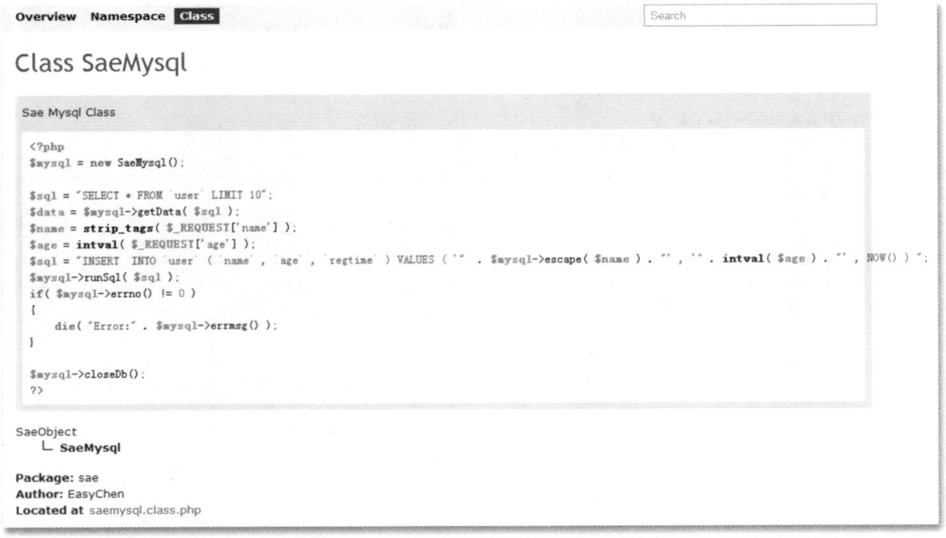

Overview Namespace Class Search

Class SaeMysql

Sae Mysql Class

```
<?php
$mysql = new SaeMysql();

$sql = "SELECT * FROM `user` LIMIT 10";
$data = $mysql->getData( $sql );
$name = strip_tags( $_REQUEST['name'] );
$age = intval( $_REQUEST['age'] );
$sql = "INSERT  INTO `user` ( `name` , `age` , `regtime` ) VALUES ( '" . $mysql->escape( $name ) . "' , '" . intval( $age ) . "' , NOW() ) ";
$mysql->runSql( $sql );
if( $mysql->errno() != 0 )
{
    die( "Error:" . $mysql->errmsg() );
}

$mysql->closeDb();
?>
```

SaeObject
└ **SaeMysql**

Package: sae
Author: EasyChen
Located at saemysql.class.php

图3-2-18 SaeMysql介绍

Methods summary		
public	__construct(boolean $do_replication = true) 构造函数	#
public	setAuth(string $akey, string $skey) 设置keys	#
public	setPort(string $port) 设置Mysql服务器端口	#
public	setAppname(string $appname) 设置Appname	#
public	setCharset(string $charset) 设置当前连接的字符集，必须在发起连接之前进行设置	#
public mysqli_result|boolean	runSql(string $sql) 运行Sql语句,不返回结果集	#
public array	getData(string $sql) 运行Sql,以多维数组方式返回结果集	#
public array	getLine(string $sql) 运行Sql,以数组方式返回结果集第一条记录	#
public mixxed	getVar(string $sql) 运行Sql,返回结果集第一条记录的第一个字段值	#
public integer	affectedRows( ) 同mysqli_affected_rows函数	#
public integer	lastId( ) 同mysqli_insert_id函数	#
public boolean	closeDb( ) 关闭数据库连接	#
public string	escape(string $str) 同mysqli_real_escape_string	#
public integer	errno( ) 返回错误码	#
public string	error( ) 返回错误信息	#
public string	errmsg( ) 返回错误信息,error的别名	#

图3-2-19 SaeMysql方法总结

SaeMysql中方法的属性和使用规则如表3-2-1所示。在本项目中，我们只需重点掌握前面提到的三种方法。

表3-2-1　SaeMysql中方法的属性和使用规则

属性、返回值类型	方法	描述
Public	__construct(boolean $do_replication = true)	构造函数
public integer	affectedRows( )	成功时返回行数，失败时返回-1
public boolean	closeDb( )	关闭数据库连接
public string	errmsg( )	返回错误信息
public integer	errno( )	返回错误码
public string	error( )	返回错误信息
public string	escape(string $str)	
public array	getData(string $sql)	运行Sql语句，成功时以多维数组方式返回结果集，失败时返回false
public array	getLine(string $sql)	运行Sql语句，成功时以数组方式返回结果集第一条记录，失败时返回false
public mixxed	getVar(string $sql)	运行Sql语句，返回结果集第一条记录的第一个字段值，失败时返回false
public integer	lastId( )	成功时返回last_id，失败时返回false
public mysqli_result|boolean	runSql(string $sql)	运行Sql语句，不返回结果集
public	setAppname(string $appname)	设置Appname，当需要连接其他APP的数据库时使用
public	setAuth(string $akey,string $skey)	设置keys，当需要连接其他APP的数据库时使用
public	setCharset(string $charset)	设置当前连接的字符集，必须在发起连接之前进行设置。字符集，如GBK,GB2312,UTF8
public	setPort(string $port)	设置Mysql服务器端口，当需要连接其他APP的数据库时使用

3.2.2 注册与登录 APP 的设计

一、设计环境和素材准备

本项目使用App Inventor在线开发环境，编译版本为2.37。

（一）搭建数据表

注册与登录APP主要实现的功能是存储和访问用户基本信息（用户名、密码、昵称），因此，我们需要建立用户数据表，数据表的结构如图3-2-20所示。

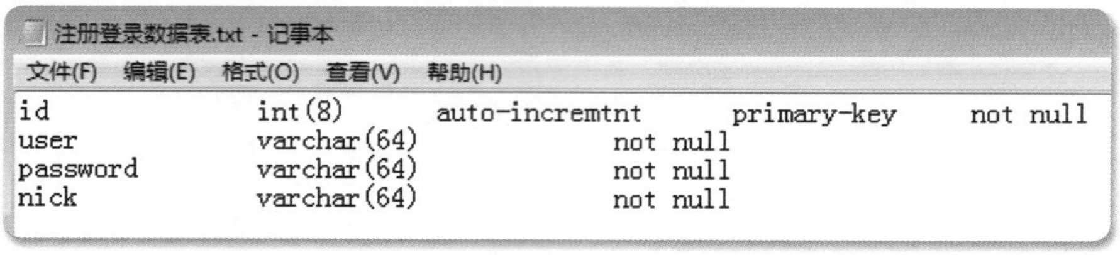

注册登录数据表.txt - 记事本

文件(F) 编辑(E) 格式(O) 查看(V) 帮助(H)

```
id          int(8)        auto-incremtnt     primary-key     not null
user        varchar(64)            not null
password    varchar(64)            not null
nick        varchar(64)            not null
```

图 3-2-20 注册登录数据表结构

在新浪云应用的共享型Mysql数据库中新建名为“user”的数据表，构建数据表的详细操作之前已经介绍过，在此不再赘述，构建好的数据表结构如图3-2-21所示。

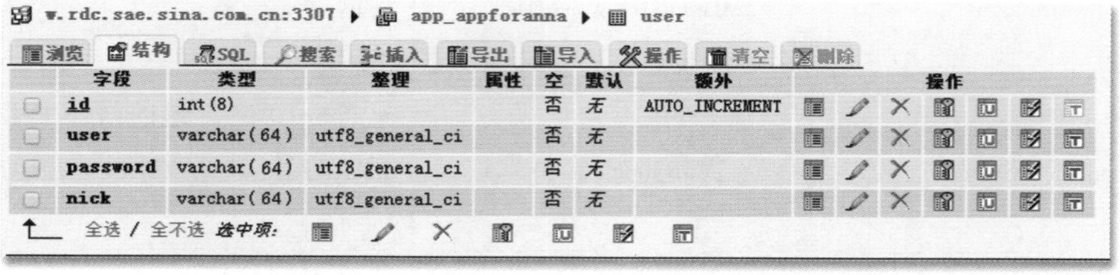

w.rdc.sae.sina.com.cn:3307 ▸ app_appforanna ▸ user

浏览 结构 SQL 搜索 插入 导出 导入 操作 清空 删除

字段	类型	整理	属性	空	默认	额外	操作
id	int(8)			否	无	AUTO_INCREMENT	
user	varchar(64)	utf8_general_ci		否	无		
password	varchar(64)	utf8_general_ci		否	无		
nick	varchar(64)	utf8_general_ci		否	无		

全选 / 全不选 选中项：

图 3-2-21 注册登录数据表

（二）编写 PHP 脚本

1. 注册功能脚本

```
①<? php
②$user=$_POST['user'];
③$pwd= $_POST['pwd'];
④$nick=$_POST['nick'];
⑤$mysql = new SaeMysql（）;
⑥$sql = "SELECT*FROM 'user' where user='{$user}'";
⑦$mysql->runSql（$sql）;
⑧$no=$mysql->affectedRows（）;
```

```
⑨if ( $no==0 ) {
⑩$sql="INSERT INTO 'user' ( 'id', 'user', 'password', 'nick' )
  VALUES ( NULL, '{$user}', '{$pwd}', '{$nick}' ) ";
⑪$mysql->runSql ( $sql ) ;
⑫echo 1;
⑬}
⑭else {
⑮echo 2;
⑯}
⑰? >
```

以上是注册功能脚本文件reg.php，具体解析如下：

第1行为PHP代码开头。

第2行的作用是获取客户端上传的用户名，存入变量“user”。

第3行的作用是获取客户端上传的密码，存入变量“pwd”。

第4行的作用是获取客户端上传的昵称，存入变量“nick”。

第5行的功能是初始化新浪服务器的MySQL类，从而获得该类的实例化对象“mysql”。

第6行的功能是定义查询语句，查看注册的用户名是否已经存在于数据表“user”中。

第7行的功能是执行sql查询语句，此时不返回结果。

第8行的功能是查看sql语句影响的代码行数，成功则返回影响的行数，失败则返回-1，将返回的结果存储到变量“no”中。

第9行的功能是通过比较“no”的值来判断该用户是否是新用户，如果“no”为0，则表示该用户为新用户，否则不是新用户。

第10行的功能是定义sql查询语句，主要功能是将客户端获取的用户信息（用户名、密码、昵称）存储到数据表中。

第11行的功能是执行插入操作。

第12行表示如果用户为新用户，则将其存储到数据表中并回显1。

第15行表示如果该用户不是新用户，则该用户已经存在，回显2。

将编写好的脚本文件reg.php上传至新浪云应用的代码管理器中，保存好脚本文件的访问链接，如图3-2-22所示。

```
1/reg.php
1  <?php
2  $user=$_POST['user'];
3  $pwd= $_POST['pwd'];
4  $nick=$_POST['nick'];
5  $mysql = new SaeMysql();
6  $sql = "SELECT * FROM `user` where user='{$user}'";
7  $mysql->runSql($sql);
8  $no=$mysql->affectedRows();
9  if($no==0){
10 $sql="INSERT INTO `user` (`id`, `user`, `password`, `nick`)VALUES (NULL, '{$user}','{$pwd}','{$nick}')";
11 $mysql->runSql($sql);
12 echo 1;
13 }
14 else {
15 echo 2;
16  }
17 ?>
18
```

图 3-2-22　reg 脚本文件

2．登录功能脚本

```
①<? php
②$user=$_POST['user'];
③$pwd=$_POST['pwd'];
④$mysql = new SaeMysql（ ）;
⑤$sql = "SELECT * FROM 'user' where user='{$user}' AND password= '{$pwd}'";
⑥$mysql->runSql（ $sql ）;
⑦$no=$mysql->affectedRows（ ）;
⑧if（ $no==0 ）{
⑨echo 1;
⑩}
⑪else {
⑫$data=$mysql->getData（ $sql ）;
⑬$nick=$data[0]['nick'];
⑭$resultStr="{$nick}欢迎你！ ";
⑮echo $resultStr;
⑯}
⑰? >
```

以上为登录功能脚本文件login.php，具体解析如下：

第1行是PHP代码开头。

第2行的作用是获取客户端上传的用户名，存入变量“user”。

第3行的作用是获取客户端上传的密码，存入变量“pwd”。

第4行的功能是初始化新浪服务器的MySQL类，获得实例化对象“mysql”。

第5行的功能是定义查询语句，查看“user”表中是否有用户名、密码与从客户端接收的用户名、密码相同的用户。

第6行的功能是执行sql查询语句。

第7行的功能是获得sql查询语句影响的代码行数，将影响的行数存储到变量“no”中。

第8行的功能是通过对比sql查询语句影响的代码行数，来判断该用户是否存在，如果“no”为0，则表示该用户不存在。

第9行表示如果没有该用户，回显1。

第11行表示该用户存在于数据表中。

第12行表示运行sql语句，如果访问成功，则以多维数组的方式返回结果集；如果访问失败，则返回“false”。

第13行表示将返回的结果通过关键字“nick”来取出该用户的昵称。

第14行表示定义字符串变量“resultStr”，其中存放的是“昵称+欢迎你！”。

第15行表示回显该字符串到客户端。

将编写好的脚本文件login.php（如图3-2-23所示）上传至新浪云应用的代码管理器中，保存好脚本文件的访问链接。

```
1/login.php

1  <?php
2  $user=$_POST['user'];
3  $pwd=$_POST['pwd'];
4  $mysql = new SaeMysql();
5  $sql = "SELECT * FROM `user` where user='{$user}' AND password='{$pwd}'";
6  $mysql->runSql($sql);
7  $no=$mysql->affectedRows();
8  if($no==0){
9  echo 1;
10 }
11 else {
12 $data=$mysql->getData($sql);
13 $nick=$data[0]['nick'];
14 $resultStr="{$nick}欢迎你！";
15 echo $resultStr;
16 }
17 ?>
18
```

图3-2-23　login 脚本文件

二、程序流程图

如图3-2-24所示为用户注册功能流程图。当用户输入用户名和密码后点击注册按钮，系统首先会判断用户名和密码是否为空，如果用户名和密码有一个为空，则系统提示用户重新输入。如果用户名和密码均不为空，系统便会执行下一步操作：设置请求头，设置Web组件访问地址，执行post请求，访问注册脚本。根据注册脚本返回的文本进一步判断：如果返回的文本为2，则表示用户存在，注册失败；如果返回的文本为1，则表示注册成功。说明：这里的1和2在语法上并没有特殊含义，只是在注册脚本中设置了它们的具体功能而已，返回1表示注册成功，返回2则表示注册失败。

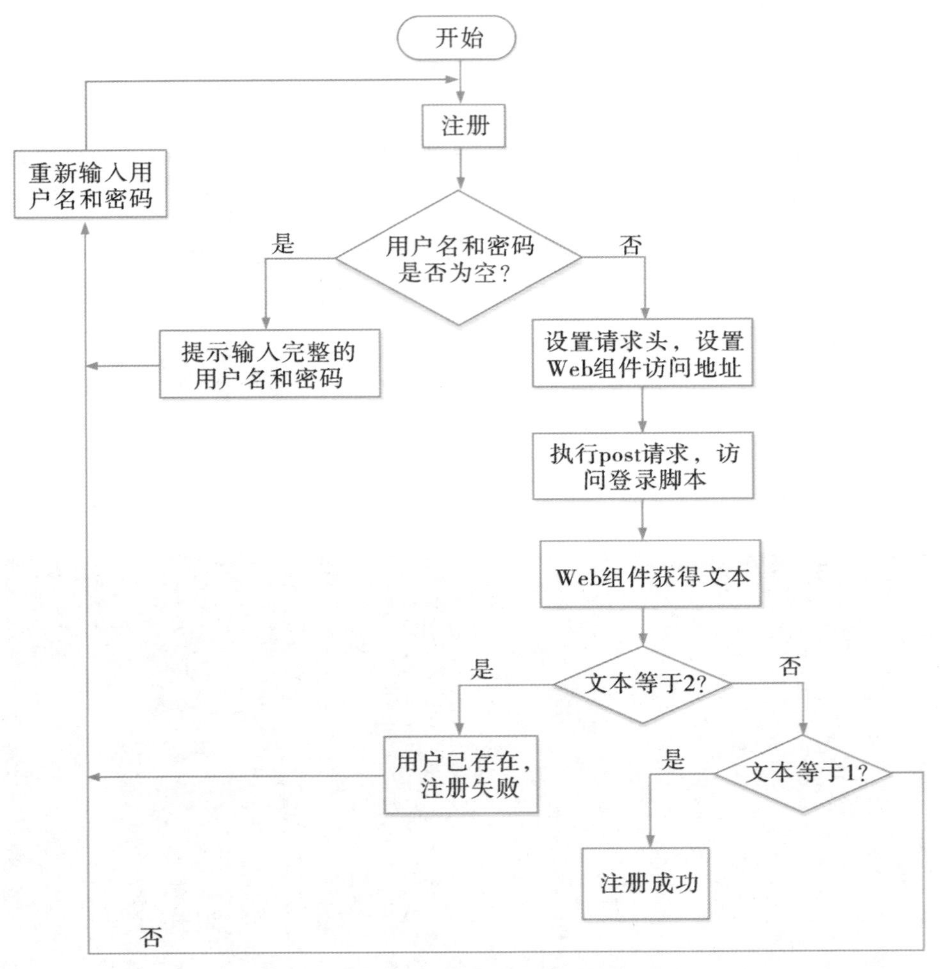

图3-2-24　用户注册功能流程图

如图3-2-25所示为用户登录功能流程图。当用户输入用户名和密码后点击登录按钮，系统首先会判断用户名和密码是否为空，如果用户名和密码有一个为空，则系统提示用户重新输入。如果用户名和密码均不为空，系统便会执行下一步操作：设置请求头，设置Web组件访问地址，执行post请求，访问登录脚本。根据登录脚本返回的文本进一步判断：如果返回的文本为1，则表示用户不存在，提示用户检查用户名和密码是否输入错误；如果返回的文本不为1，则表示登录成功。

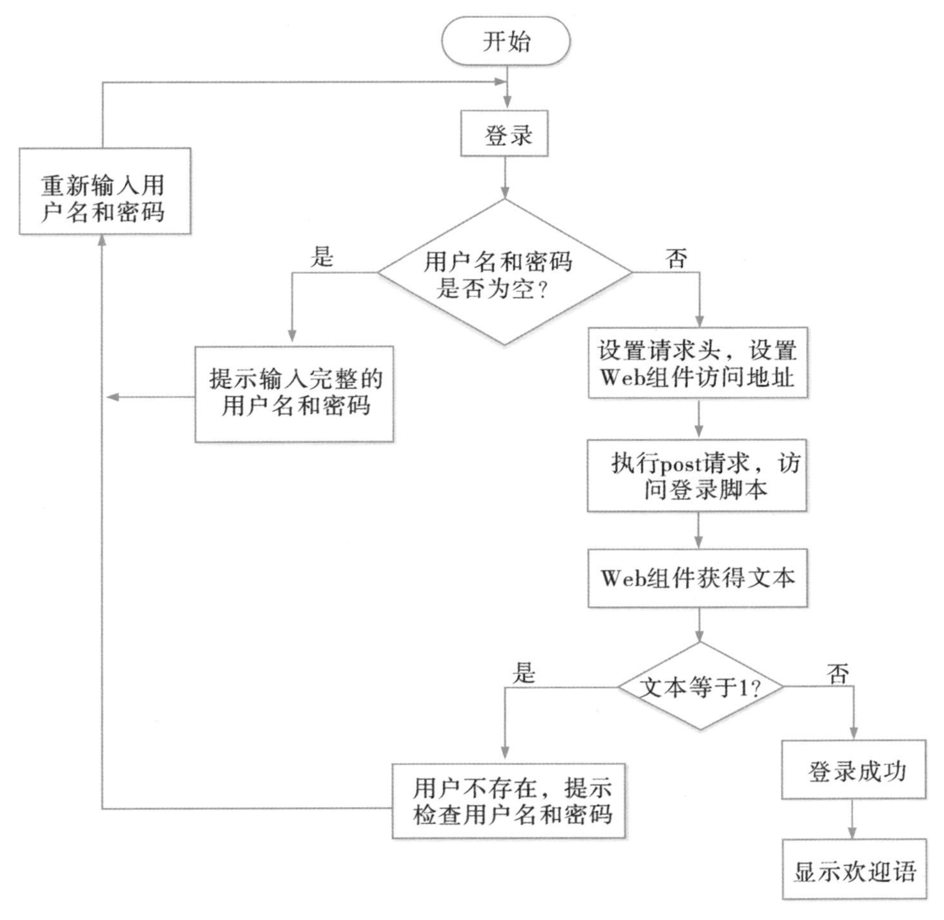

图3-2-25 用户登录功能流程图

三、界面设计

用户注册和登录APP的界面设计，包含14个可视组件，3个非可视组件。

按钮_新用户：用来进入注册界面。

按钮_老用户：用来进入登录界面。

标签_显示“用户名”：用来显示文本“用户名”。

文本框_接收用户名：用来接收用户名。

标签_显示“密码”：用来显示文本“密码”。

密码框_接收密码：用来接收用户密码。

标签_显示“昵称”：显示文本“昵称”。

文本框_接收昵称：接收用户昵称。

按钮_注册：响应注册请求。

标签_显示“用户名”2：用来显示文本“用户名”，由于功能跟前面的标签功能类似，因此命名的时候在后面标注2，以示区分。

文本框_接收用户名2：用来接收用户名。

标签_显示“密码”2：用来显示文本“密码”。

密码框_接收密码2：用来接收密码。

按钮_登录：响应登录请求。

对话框_显示提示信息：用来显示提示信息。

Web组件_用于注册：用来响应注册请求。

Web组件_用户登录：用来响应登录请求。

组件属性设置如表3-2-2所示。

表3-2-2 组件属性设置

组件	背景颜色	字号	高度	宽度	文本	文本颜色
按钮_新用户	默认	14	自动	自动	新用户注册	默认
按钮_老用户	默认	14	自动	自动	老用户登录	默认
标签_显示“用户名”	透明	14	自动	自动	用户名	黑色
文本框_接收用户名	默认	14	自动	自动		黑色
标签_显示“密码”	默认	14	自动	自动	密码	黑色
密码框_接收密码	默认	14	自动	自动		黑色
标签_显示“昵称”	透明	14	自动	自动	昵称	黑色
文本框_接收昵称	默认	14	自动	自动		默认
按钮_注册	默认	14	自动	自动	确定注册	默认
标签_显示“用户名”2	透明	14	自动	自动	用户名	黑色
文本框_接收用户名2	默认	14	自动	自动		黑色
标签_显示“密码”2	透明	14	自动	自动	密码	黑色
密码框_接收密码2	默认	14	自动	自动		黑色
按钮_登录	默认	15	自动	自动	确定登录	默认
对话框_显示提示信息	默认					
Web组件_用于注册						
Web组件_用于登录						

APP界面设计和相关组件如图3-2-26和图3-2-27所示。

显示隐藏组件
勾选以预览平板尺寸
9:48
注册登录界面
新用户注册 老用户登录
用户名
密码
昵称
确定注册
用户名
密码
确定登录
非可视组件
对话框_显示提示信息 Web组件_用于注册 Web组件_用于登录

图 3-2-26　APP 界面设计图

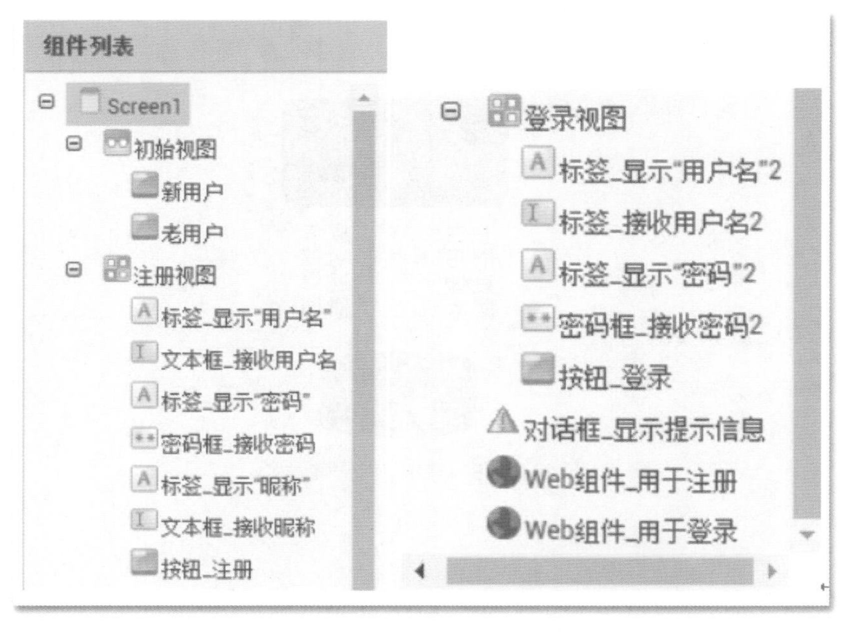

图 3-2-27　APP 界面设计相关组件

注意：一开始将注册视图和登录视图都设置为不可视。这里之所以用两个Web组件，目的是将注册功能和登录功能交给不同的Web组件来处理，从而保证在逻辑设计的时候不容易出错。

四、程序设计

由于程序分为注册与登录两个功能，因此接下来将分别介绍这两个功能的实现过程。

（一）注册功能原理

用户在注册界面输入用户名、密码及昵称等个人信息，APP后台逻辑则将这些有用信息转化为列表的形式，通过Web客户端将列表数据上传到PHP脚本，由脚本执行存储数据功能。在存储数据的过程中，后台会做一个判断，如果该用户为新用户（即数据库中不存在该用户信息），返回1；如果用户已经存在（即数据库中存在该用户信息），则返回2。不管PHP脚本返回的是1（成功）还是2（失败），都会触发Web客户端的获得文本事件。在该事件中，对返回内容做相应的处理，如果返回内容为1，则表示用户注册成功，跳转到欢迎界面，并显示欢迎语；如果返回内容为2，则表示用户注册失败，显示用户已存在的提示信息。注册功能的逻辑思路如图3-2-28所示。

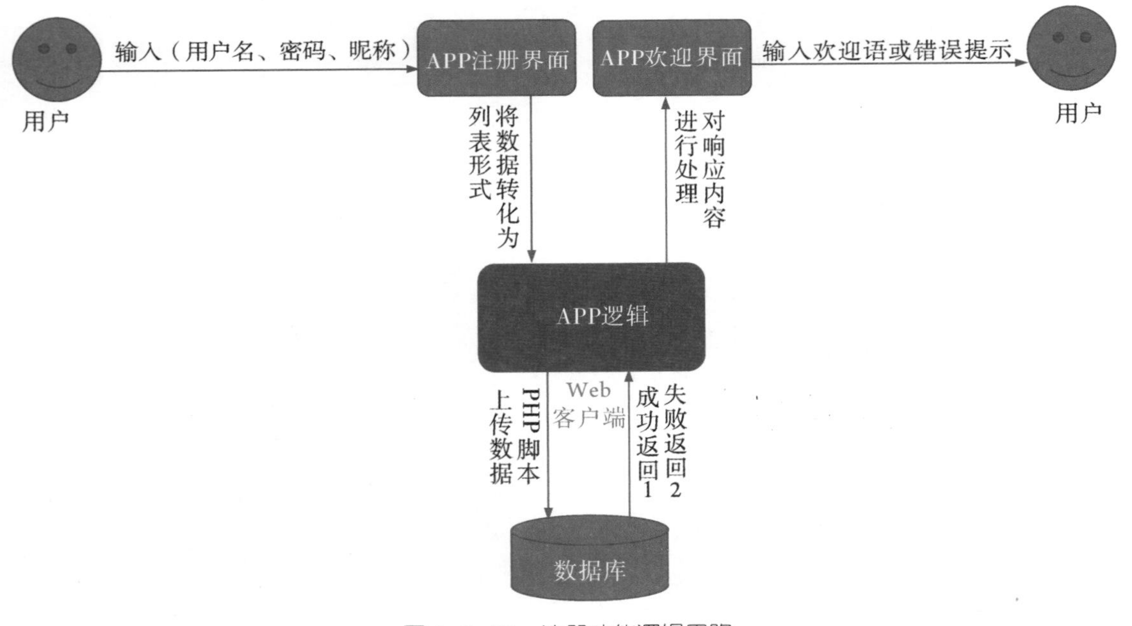

图3-2-28　注册功能逻辑思路

1. 设置视图切换

“新用户”按钮被点击时，将初始视图和登录视图的显示状态都设置为“false”，将注册视图的显示状态设置为“true”。“老用户”按钮被点击时，将初始视图和注册视图的显示状态都设置为“false”，将登录视图显示状态设置为“true”。这两段程序的功能是实现不同视图的切换，如图3-2-29所示。

图 3-2-29 视图切换代码

2. 处理用户注册操作

当用户输入注册信息并点击“确认注册”时，会触发单击事件，此时对该事件做出相应的处理：判断输入框中是否输入为空，如果有一个为空则调用提示“不能为空”，否则就设置Web_reg的请求头。请求头为一个二级列表，其中application/x-www-form-urlencoded用于表单提交。设置Web_reg的访问链接为之前保存的reg.php的访问地址。接下来，将用户输入的信息（用户名、密码和昵称）构建为一个二级列表，作为Web_reg的创建请求数据的参数。最后，执行Web_reg的post请求，将列表变量上传至脚本处理。程序如图3-2-30所示。

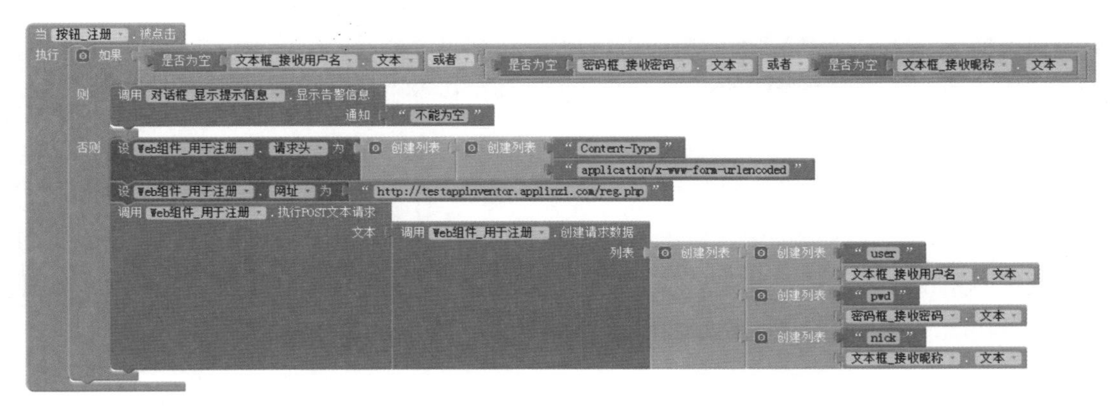

图 3-2-30 处理用户注册操作

3. 处理用于注册的Web组件获得文本事件

当脚本文件执行完之后，负责注册的Web组件会获得服务器响应，需要对响应的内容作出处理。在处理注册的脚本文件时，当用户名已经存在于数据库中，则输出1；如果用户名不在数据库中，则输出2。接下来，便需要根据脚本文件返回的数字作出相应的处理。当响应的内容为2，则调用通知显示“用户已存在”；如果响应的内容为1，则调用通知显示“注册成功”，并把注册界面隐藏，在标题栏显示“昵称+欢迎你”，程序如图3-2-31所示。

图3-2-31　处理注册按钮获得文本事件

（二）登录功能原理

用户在登录界面输入用户名、密码等个人信息，APP后台逻辑则将这些有用信息转化为列表形式，并通过Web客户端将列表数据上传到PHP脚本，由脚本执行访问数据库功能。如果该用户名和密码存在于数据库中，表示该用户登录成功，返回昵称；否则表示登录失败，返回1。

不管PHP脚本返回的是昵称（表明成功）还是1（表明失败），都会触发Web客户端的获得文本事件，在该事件中，对返回内容做相应的处理。如果返回内容为1，则表示用户名或密码错误，显示提示信息；如果返回内容为不为1，则跳转到欢迎界面并显示欢迎语。登录功能的逻辑思路如图3-2-32所示。

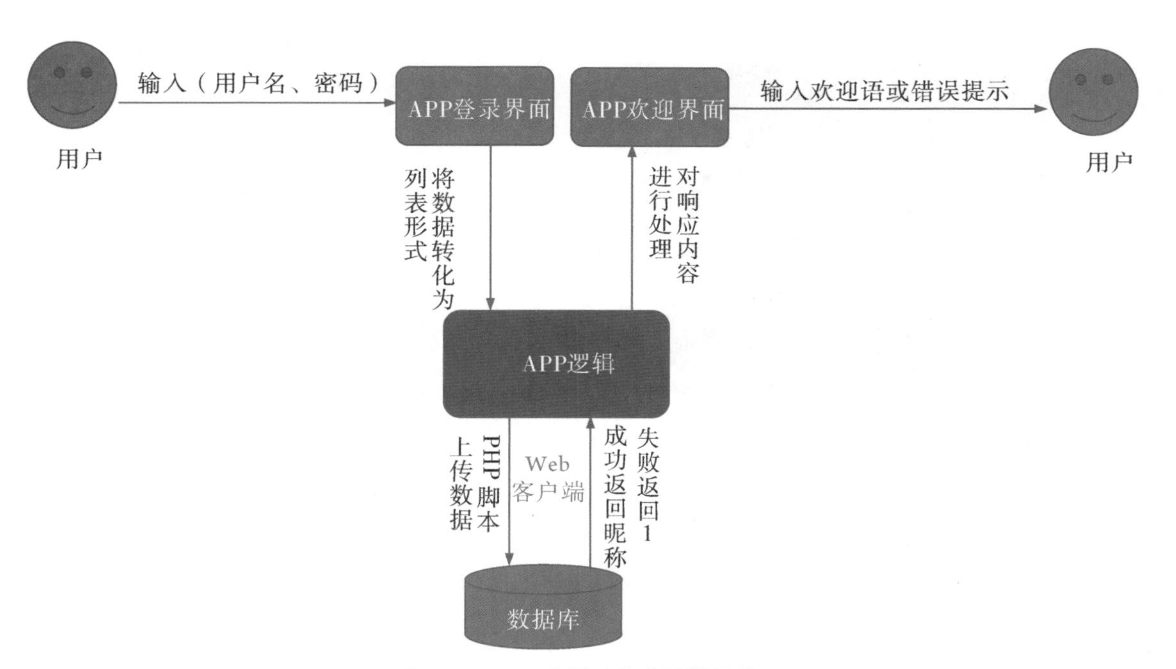

图 3-2-32　登录功能的逻辑思路

1．处理用户登录操作

当用户点击“登录”按钮时，程序会判断用户名和密码的输入是否为空，为空则显示提示信息，不为空则设置Web_login的请求头和访问网址，然后执行post请求，将用户名和密码以二级列表的形式上传至脚本文件处理。程序如图3-2-33所示。

```
当 按钮_登录 . 被点击
执行 如果 是否为空 标签_接收用户名2 . 文本 或者 是否为空 密码框_接收密码2 . 文本
     则 调用 对话框_显示提示信息 . 显示告警信息
            通知 “不能为空”
     否则 设 Web组件_用于登录 . 请求头 为 创建列表 创建列表 “Content-Type”
                                                    “application/x-www-form-urlencoded”
          设 Web组件_用于登录 . 网址 为 “http://testappinventor.applinzi.com/login.php”
          调用 Web组件_用于登录 . 执行POST文本请求
               文本 调用 Web组件_用于登录 . 创建请求数据
                    列表 创建列表 创建列表 “user”
                                          标签_接收用户名2 . 文本
                                  创建列表 “pwd”
                                          密码框_接收密码2 . 文本
```

图 3-2-33　处理“登录”按钮单击事件

2．处理用于登录的Web组件获得文本事件

当Web_login组件访问到login.php脚本文件时，根据响应的内容来处理客户端：如果响应内容为1，表示没有找到该用户，显示用户名或密码错误的提示；如果响应内容不等于1，则说明在数据库中找到了该用户的信息，则显示“登录成功”的提示，并隐藏登录框，将标题设置为响应内容“昵称+欢迎你”。程序如图3-2-34所示。

```
当 Web组件_用于登录 .获得文本
  网址  响应代码  响应类型  响应内容
执行  如果  取 响应内容  等于  1
      则  调用 对话框_显示提示信息 .显示告警信息
                                  通知  " 没有找到该用户，请确保你的用户名和密码输入正确! "
      否则  调用 对话框_显示提示信息 .显示告警信息
                                  通知  " 登录成功 "
            设 登录视图 . 显示状态 为 false
            设 Screen1 . 标题 为 取 响应内容
            设 初始视图 . 显示状态 为 false
```

图 3-2-34　处理 Web 组件获得文本事件

五、程序调试结果

运行注册与登录APP，看显示内容和运行结果是否正常，经过反复调试，直到运行良好无误。APP运行如图3-2-35和图3-2-36所示。

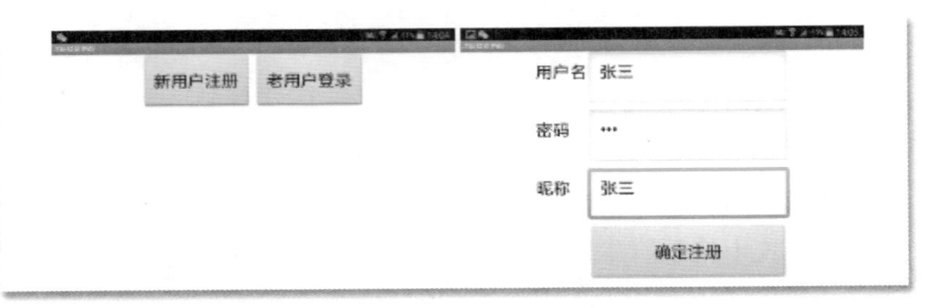

图 3-2-35　用户注册功能调试结果

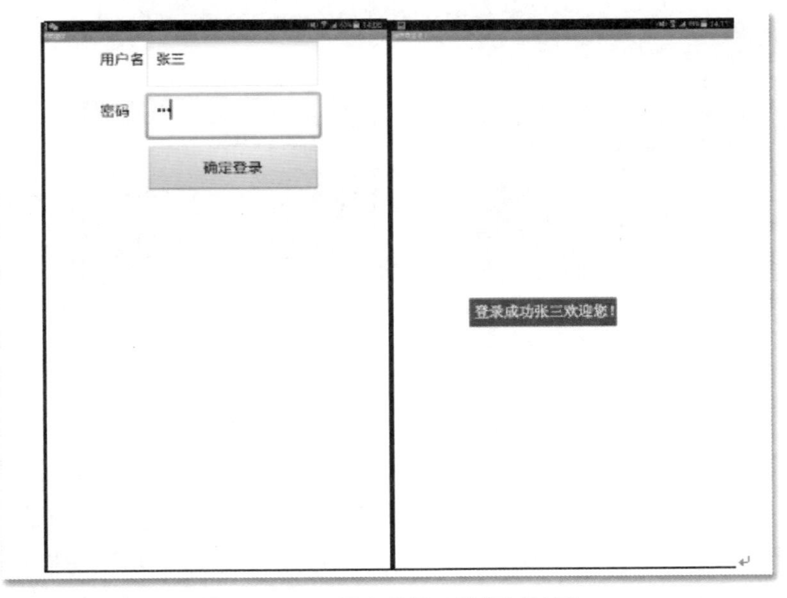

图 3-2-36　用户登录功能调试结果

同学们将本项目的设计成果在小组或全班进行展示、交流与分享。

本项目APP主要通过访问数据库设计完成了用户注册和登录功能，请同学们继续完善本项目APP的设计、运行与调试，掌握用App Inventor调用数据库开发APP的思路和实现方法。

数据表简介

数据表是数据库最重要的组成部分之一，数据库只是一个框架，数据表才是其实质内容。例如，在“教学管理系统”中，“教学管理”数据库包含分别围绕特定主题的6个数据表：“教师”表、“课程”表、“成绩”表、“学生”表、“班级”表和“授课”表，用来管理教学过程中学生、教师、课程等信息。这些各自独立的数据表通过建立关系被关联起来，成为可以交叉查阅、一目了然的数据库。由此可见，数据表必须有特定主题，当每个表只包含关于一个主题的信息时，就可以独立于其他主题来维护该主题的信息。例如，应将教师基本信息保存在“教师”表中。如果将这些基本信息保存在“授课”表中，则在删除某教师的授课信息时，就会误将教师的基本信息一同删除。

本节APP案例中仅涉及了一个表，即“user”表，接下来的案例会根据各自实现的功能不同而建立不同的数据表。

3.3 成绩登记与查询 APP 的设计

成绩登记与查询APP主要实现的功能包括：管理者可以录入学生的成绩，学生根据姓名和学号可以查询自己的各科成绩及排名。与上一节类似，这里将用到新浪云的共享型Mysql数据库作为存储系统。

❶熟悉新浪Mysql数据库的搭建流程。

❷进一步深入学习PHP脚本程序的编写。

『 3.3.1 设计成绩登记与查询 APP 的相关技术 』

一、设计环境和素材准备

本项目的实施环境为App Inventor在线开发环境，编译版本为2.37。

（一）搭建数据表

成绩登记与查询APP的数据表结构如图3-3-1所示。

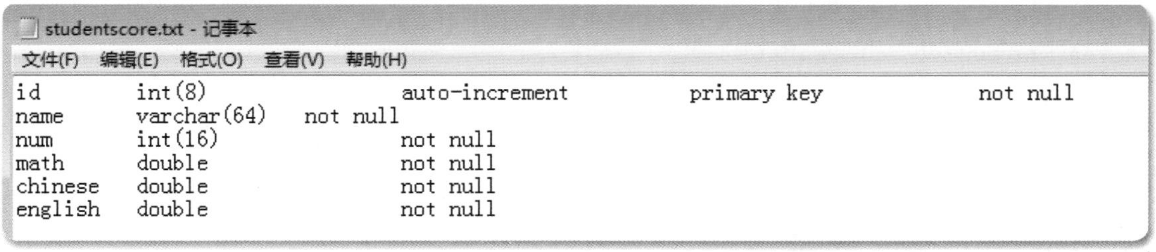

studentscore.txt - 记事本

文件(F)　编辑(E)　格式(O)　查看(V)　帮助(H)

```
id        int(8)              auto-increment          primary key           not null
name      varchar(64)   not null
num       int(16)             not null
math      double              not null
chinese   double              not null
english   double              not null
```

图3-3-1　成绩登记与查询APP数据表结构

在Mysql数据库中新建表名为“studentscore”的数据表，如图3-3-2所示。

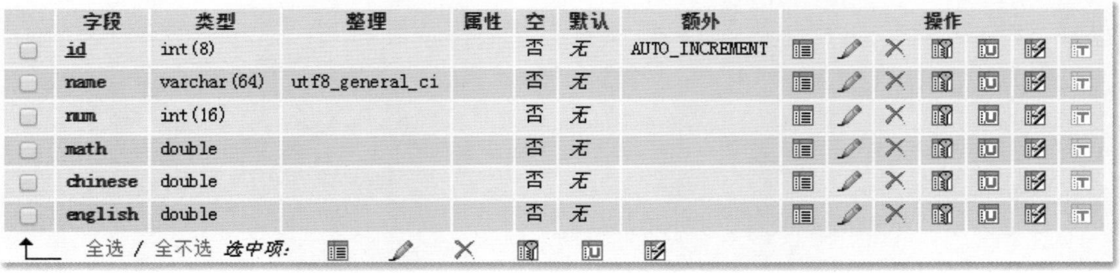

	字段	类型	整理	属性	空	默认	额外	操作
☐	id	int(8)			否	无	AUTO_INCREMENT	
☐	name	varchar(64)	utf8_general_ci		否	无		
☐	num	int(16)			否	无		
☐	math	double			否	无		
☐	chinese	double			否	无		
☐	english	double			否	无		

全选 / 全不选　选中项：

图3-3-2　成绩登记与查询APP数据表

（二）编写PHP脚本

1．录入成绩脚本

```
①<? php
②$name=$_POST['name'];
③$num=$_POST['num'];
④$math=$_POST['math'];
⑤$chinese=$_POST['chinese'];
⑥$english=$_POST['english'];
```

```
⑦$mysql = new SaeMysql ( ) ;
⑧$sql = "SELECT * FROM 'studentscore' where name='{$name}'";
⑨$mysql->runSql ( $sql ) ;
⑩$no=$mysql->affectedRows ( ) ;
⑪if ( $no==0 ) {
⑫$sql="INSERT INTO 'studentscore' ( 'id', 'name', 'num', 'math', 'chinese', 'english' )
  VALUES ( NULL, '{$name}', '{$num}', '{$math}', '{$chinese}', '{$english}' ) ";
⑬$mysql->runSql ( $sql ) ;
⑭echo 1;
  }
⑮else {
⑯echo 2;
  }
⑰? >
```

以上为录入成绩脚本文件，具体解析如下：

第1行为PHP代码开头。

第2行的作用是获取客户端用户名，存储到变量“name”中。

第3行的作用是获取客户端学号，存储到变量“num”中。

第4行的作用是获取数学成绩，存储到变量“math”中。

第5行的作用是获取语文成绩，存储到变量“chinese”中。

第6行的作用是获取英语成绩，存储到变量“english”中。

第7行的功能是初始化新浪服务器的MySQL类，从而获得该类的实例化对象“mysql”。

第8行表示新建sql查询语句。

第9行表示执行sql查询语句。

第10行的功能是查看sql语句影响的代码行数，成功则返回影响的行数，失败则返回-1，将返回的结果存储到变量“no”中。

第11行表示通过比较“no”的值来判断该用户是否是新用户，如果“no”为0，则表示该用户为新用户，否则就不是新用户。

第12行表示新建sql查询语句，主要功能是将新用户的信息插入到数据表中。

第13行表示执行sql查询操作。

第14行表示如果用户为新用户，则将其存储到数据表中并回显1。

第16行表示该用户不为新用户，其成绩已经存在，回显2。

第17行为PHP脚本结尾。

由于成绩录入由教师操作，故将录入成绩脚本文件存成teacher.php并上传至新浪云应用的代码管理器中，保存好脚本文件的访问链接。

2. 查询成绩脚本文件

```
①<? php
②$name=$_POST['name'];
③$num=$_POST['num'];
④$mysql = new SaeMysql（ ）;
⑤$sql = "SELECT * FROM 'studentscore' where name='{$name}' AND num= '{$num}'";
⑥$mysql->runSql（ $sql ）;
⑦$no=$mysql->affectedRows（ ）;
⑧if（ $no==0 ）{
⑨echo 1;
  }
⑩else {
⑪$data=$mysql->getData（ $sql ）;
⑫$math=$data[0]['math'];
⑬$chinese=$data[0]['chinese'];
⑭$english=$data[0]['english'];
⑮$total=$math+$chinese+$english;
⑯$aver=$total/3;
⑰$resultStr="姓名：{$name}欢迎你！数学：{$math} 语文：{$chinese} 英语：
  {$english}"+"总分：{$total}"+"平均分：{aver}";
⑱echo $resultStr;
  }
⑲? >
```

第三章 自定义数据库应用设计

以上为查询成绩脚本文件，具体解析如下：

第1行为PHP代码开头。

第2行的作用是获取客户端用户名，存储到变量“name”中。

第3行的作用是获取客户端学号，存储到变量“num”中。

第4行的功能是初始化新浪服务器的MySQL类，从而获得该类的实例化对象“mysql”。

第5行表示新建sql查询语句。

第6行表示执行sql查询操作。

第7行的功能是查看sql语句影响的代码行数，成功则返回影响的行数，失败则返回-1，将返回的结果存储到变量“no”中。

第8行表示如果sql语句影响的代码为0行，即没有该用户。

第9行表示由于没有查到该用户，说明用户名或学号错误，输出1。

第11行的功能是运行sql语句，如果访问成功，则以多维数组的方式返回结果集，否则返回“false”。

第12行的功能是从结果集中取出数学成绩。

第13行的功能是从结果集中取出语文成绩。

第14行的功能是从结果集中取出英语成绩。

第15行的功能是求总成绩“total”。

第16行的功能是求三门课的平均成绩“aver”。

第17行的功能是给变量“resultStr”赋值。

第18行的功能是输出resultStr。

第19行为PHP代码结尾。

由于查询成绩操作发生在学生端，因此将查询成绩脚本命名为student.php。最后，将脚本文件teacher.php和student.php保存至SAE代码管理器中，获取其有效链接地址，待逻辑设计时使用。

『 3.3.2 成绩登记与查询 APP 的设计 』

一、程序流程图

成绩登记与查询APP主要功能分为成绩录入和成绩查询两部分。如图3-3-3所示为教师端或称为管理员端的成绩录入功能流程图。首先，教师输入某个学生的基本信息，包括姓名、学号、各科成绩。输入完成后，点击“录入”按钮，系统自动检测各项信息是否为空，如果有一项为空则提示输入的信息不完整，要求输入完整的信息；如果信息输入完整，系统会检测各科成绩数据类型的有效性。如果成绩类型不为数字类型，则提示数据类型错误；如果数据类型正确，系统则设置Web组件的请求头及访问地址，执行post请求，访问成绩录入脚本。接着，根据脚本文件返回的文本做出判断，如果脚本文件返回2，则表示该学生的信息已经存在，成绩录入失败；如果脚本文件返回1，则表示成绩录入成功。

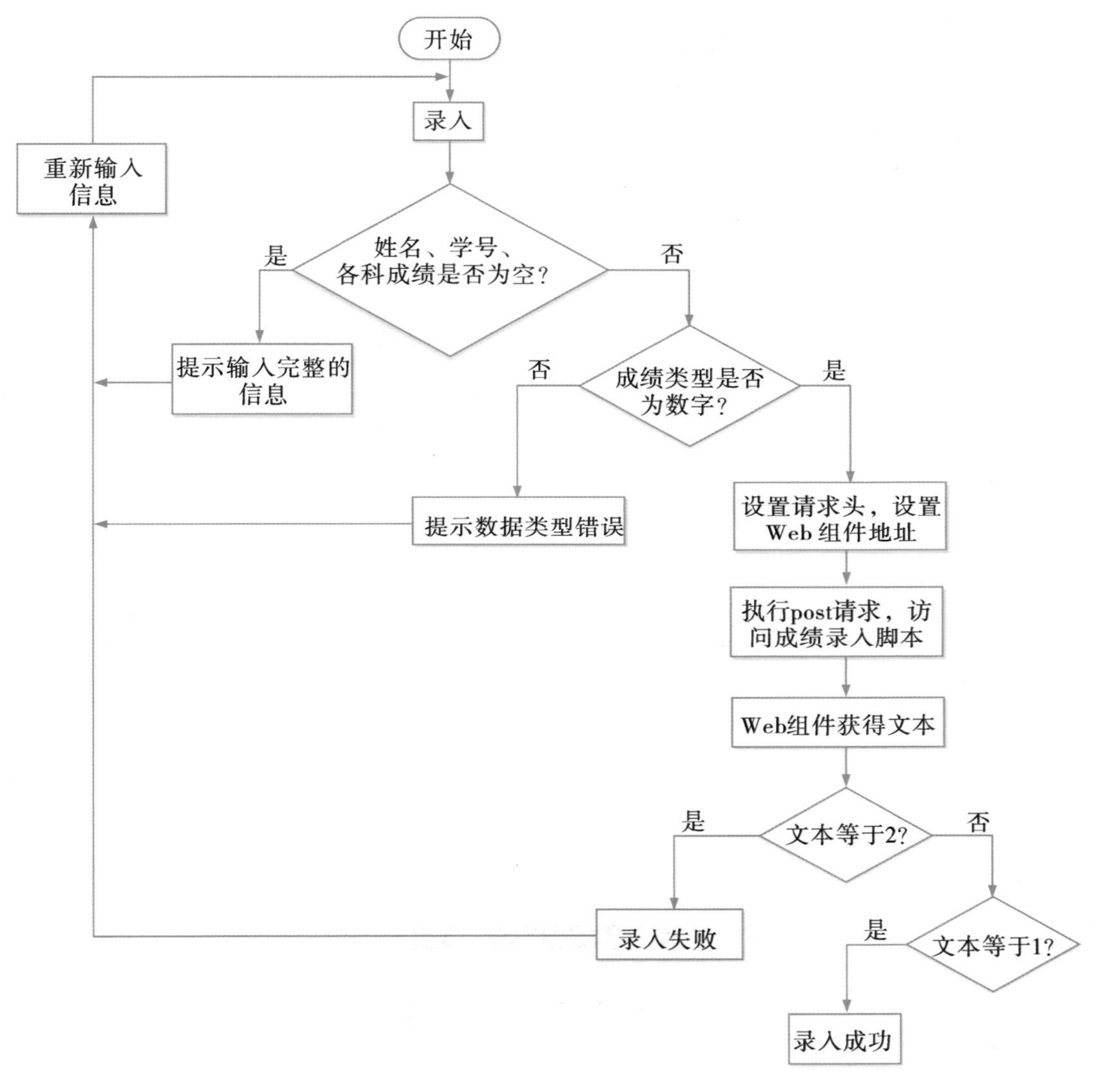

图 3-3-3　成绩录入功能流程图

如图3-3-4所示为学生端实现的成绩查询功能流程图。首先，学生输入自己的基本信息，包括姓名、学号。完成后，点击“查询”按钮，系统自动检测各项信息是否为空，如果有一项为空，则提示输入的信息不完整，要求输入完整的信息；如果信息输入完整，系统接着设置Web组件的请求头以及访问地址，执行post请求，访问成绩查询脚本。最后，系统会根据脚本文件返回的文本做出判断，如果脚本文件返回1，则表示该学生的信息有误，不存在该学生；否则，直接显示脚本返回的内容，即学生的各科成绩、总分及平均分。

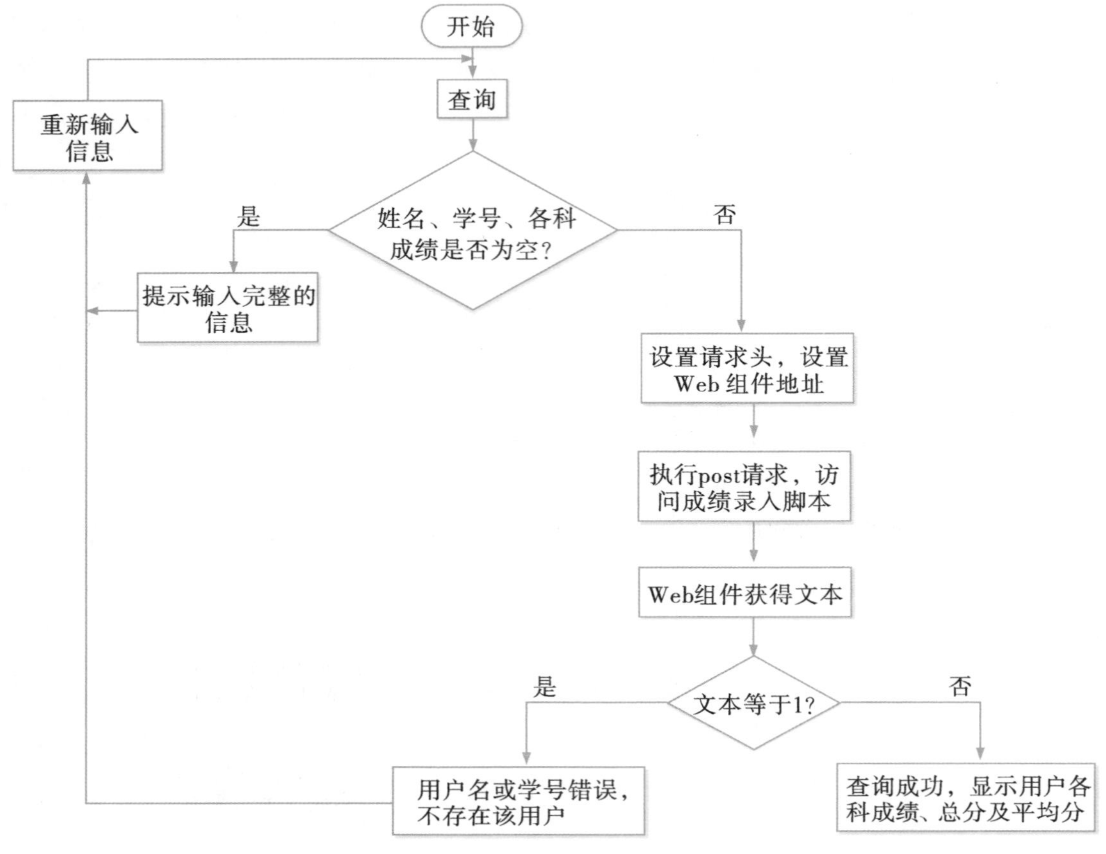

图 3-3-4　成绩查询功能流程图

二、界面设计

本APP包含21个可视组件，3个非可视组件，其界面设计及相关组件如图3-3-5和图3-3-6所示。

图 3-3-5　成绩登记与查询 APP 界面设计

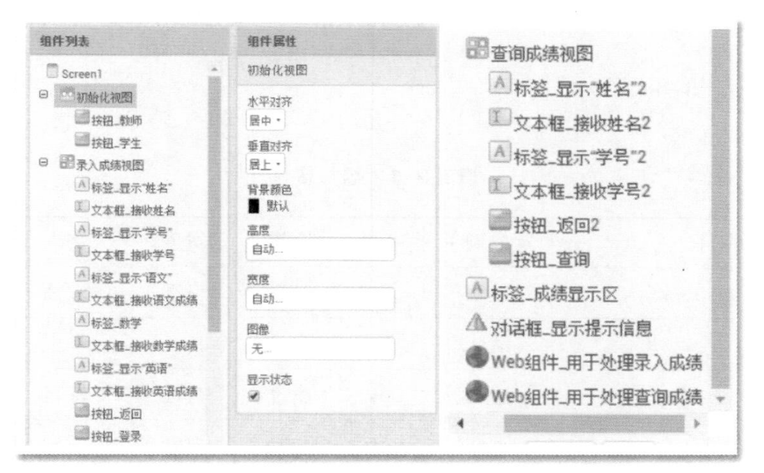

图 3-3-6　成绩登记与查询 APP 界面设计相关组件

按钮_教师：用来进入成绩录入界面；

按钮_学生：用来进入成绩查询界面；

标签_显示“姓名”：显示文本“姓名”；

文本框_接收姓名：用来接收客户端输入的姓名；

标签_显示“学号”：显示文本“学号”；

文本框_接收学号：用来接收客户端输入的学号；

标签_显示“语文”：显示文本“语文”；

文本框_接收语文成绩：用来接收语文成绩；

标签_数学：用来显示文本“数学”；

文本框_接收数学成绩：用来接收数学成绩；

标签_显示“英语”：用来显示文本“英语”；

文本框_接收英语成绩：用来接收英语成绩；

按钮_返回：返回初始化视图；

按钮_录入：将成绩录入到数据库中；

标签_显示“姓名”2：用来显示文本“姓名”，为了跟之前的分开，因此用2作为标记；

文本框_接收姓名2：用来接收客户端输入的姓名；

标签_显示“学号”2：用来显示文本“学号”；

文本框_接收学号2：用来接收客户端输入的学号；

按钮_返回2：返回初始化视图；

按钮_查询：用来查询数据库成绩；

对话框_显示提示信息：用来显示系统提示信息；

Web组件_用于处理录入成绩：用来响应录入成绩命令；

Web组件_用于处理查询成绩：用来响应查询成绩命令。

三、组件属性

组件属性如表3-3-1所示。

表3-3-1 组件属性

组件	背景颜色	字号	高度	宽度	文本	文本颜色
按钮_教师	默认	14	自动	自动	教师	默认
按钮_学生	默认	14	自动	自动	学生	默认
标签_显示“姓名”	透明	14	自动	自动	姓名	黑色
文本框_接收姓名	默认	14	自动	自动		黑色
标签_显示“学号”	默认	14	自动	自动	学号	黑色
文本框_接收学号	默认	14	自动	自动		黑色
标签_显示“语文”	透明	14	自动	自动	语文	黑色
文本框_接收语文成绩	默认	14	自动	自动		默认
标签_数学	透明	14	自动	自动	数学	默认
文本框_接收数学成绩	默认	14	自动	自动		黑色
标签_显示“英语”	透明	14	自动	自动	英语	黑色
文本框_接收英语成绩	透明	14	自动	自动		黑色
按钮_返回	默认	14	自动	自动	返回	默认
按钮_录入	默认	14	自动	自动	确定录入	默认
标签_显示“姓名”2	透明	14	自动	自动	姓名	默认
文本框_接收姓名2	默认	14	自动	自动		黑色
标签_显示“学号”2	透明	14	自动	自动	学号	黑色
文本框_接收学号2	默认	14	自动	自动		黑色
按钮_返回2	默认	14	自动	自动	返回	默认
按钮_查询	默认	14	自动	自动	确定查询	默认
标签_成绩显示区	透明	14	自动	自动	这里显示成绩	黑色
对话框_显示提示信息	默认					
Web组件_用于处理录入成绩						
Web组件_用于处理查询成绩						

四、程序设计

程序分为录入成绩与查询成绩两个功能，下面分别介绍这两个功能的实现过程。

（一）成绩录入功能原理

教师在成绩录入界面输入学生姓名、学号及各科成绩等个人信息，APP后台逻辑则将这些信息转化为列表的形式，通过Web客户端将列表数据上传到PHP脚本，由脚本执行存储数据功能。在存储数据的过程中，系统会做一个判断：如果该用户为新用户（即数据库中不存在该用户的信息），则返回1，表示存储成功；如果用户已经存在（即数据库中存在该用户的信息），那么脚本会返回2，表示存储失败。不管PHP脚本返回的是1（成功）还是2（失败），都会触发Web客户端的获得文本事件。在该事件中，系统对返回内容做相应的处理，如果返回内容为1，则提示学生信息存储成功；如果返回内容为2。则提示用户信息存储失败。成绩录入功能的逻辑思路如图3-3-7所示。

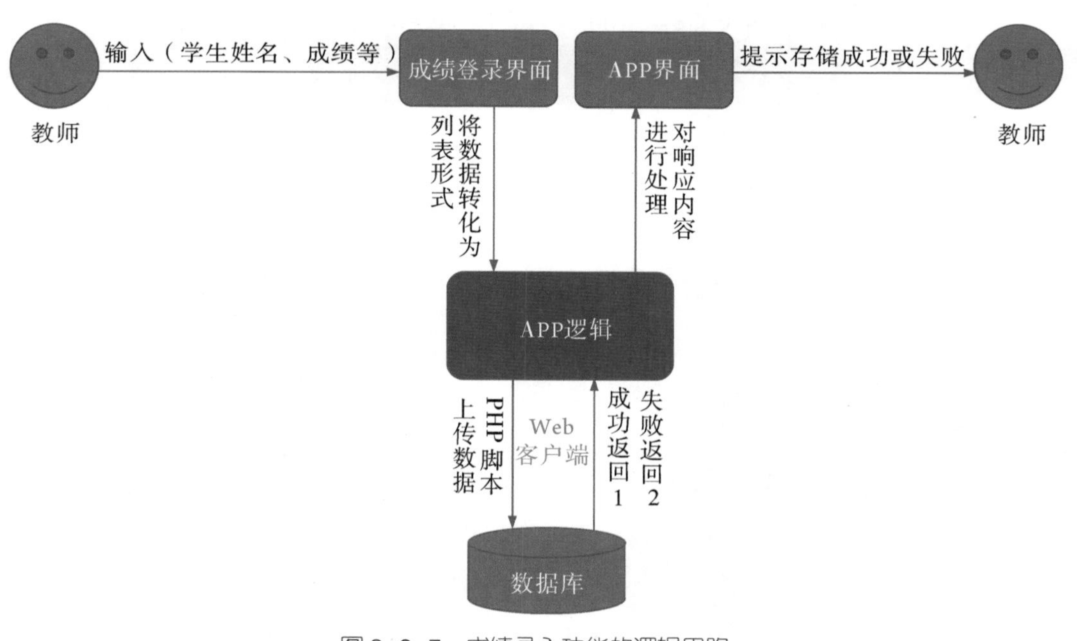

图3-3-7 成绩录入功能的逻辑思路

1. 初始化界面：定义一个过程“init”，用来初始化视图的可视化状态，如图3-3-8所示。

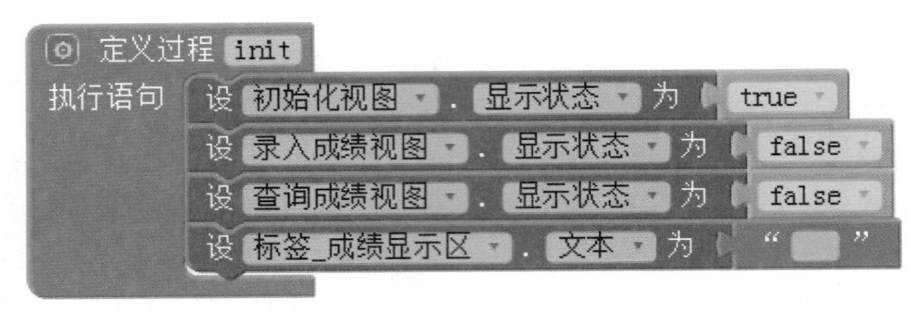

图 3-3-8　初始化视图

2. 设置视图的切换：设置视图切换的程序如图3-3-9所示。

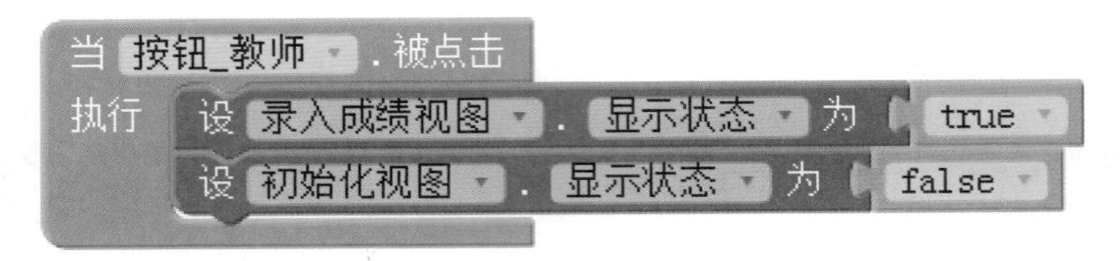

图 3-3-9　视图的切换

3. 处理“确定录入”按钮单击事件，如图3-3-10所示。

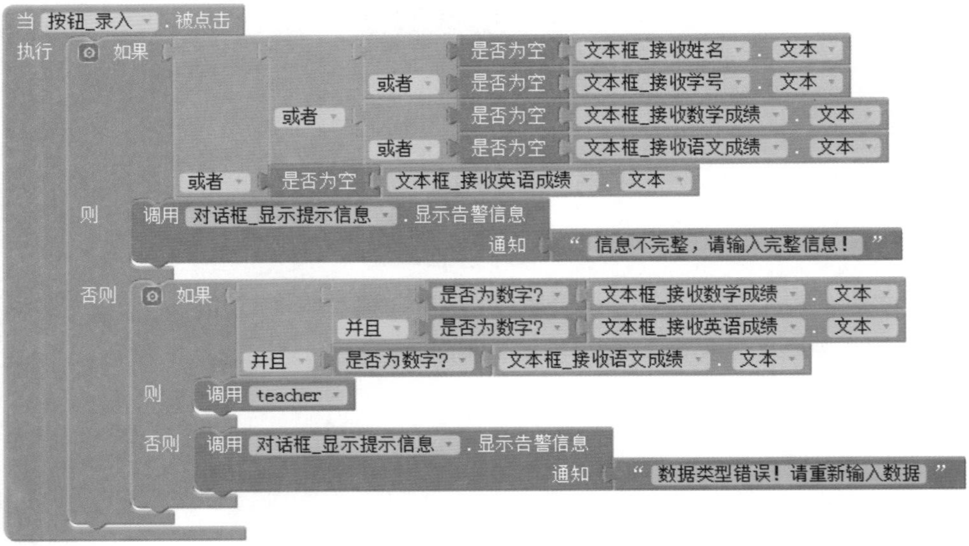

图 3-3-10　“确定录入”按钮单击事件

4．当“确定录入”按钮单击事件中每个输入框都不为空，且成绩输入框输入的为数字时，调用过程“teacher”，该过程主要执行的功能如图3-3-11所示。

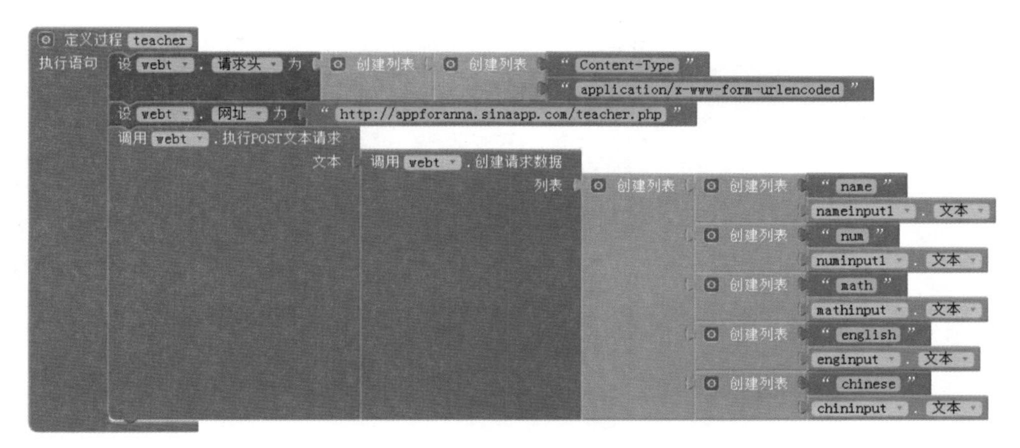

图3-3-11　定义过程“teacher”

5．处理Web组件获得文本事件：PHP脚本返回2，表示用户已经存在；返回1，则表示该用户添加成功。程序如图3-3-12所示。

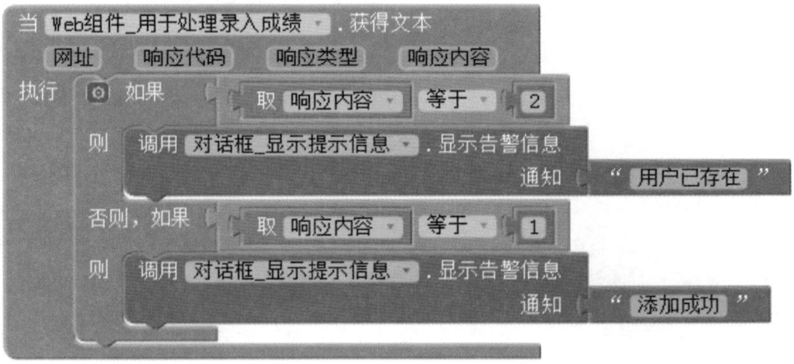

图3-3-12　处理Web组件获得文本事件

（二）成绩查询功能原理

学生在成绩查询界面输入学生姓名、学号等个人信息，APP后台逻辑将这些信息转化为列表的形式，通过Web客户端将列表数据上传到PHP脚本，由脚本执行存储数据功能。在存储数据的过程中，系统会做一个判断：如果该用户不存在，则返回1，表示用户名或学号不正确；如果用户存在于数据库中，那么脚本会返回学生的各科成绩及总成绩。不管PHP脚本返回的是1（失败）还是2（成功），都会触发Web客户端的获得文本事件。在该事件中，系统会对返回内容做相应的处理，如果返回内容为1，则提示查询失败；否则，显示用户的成绩信息。成绩查询功能的逻辑思路如图3-3-13所示。

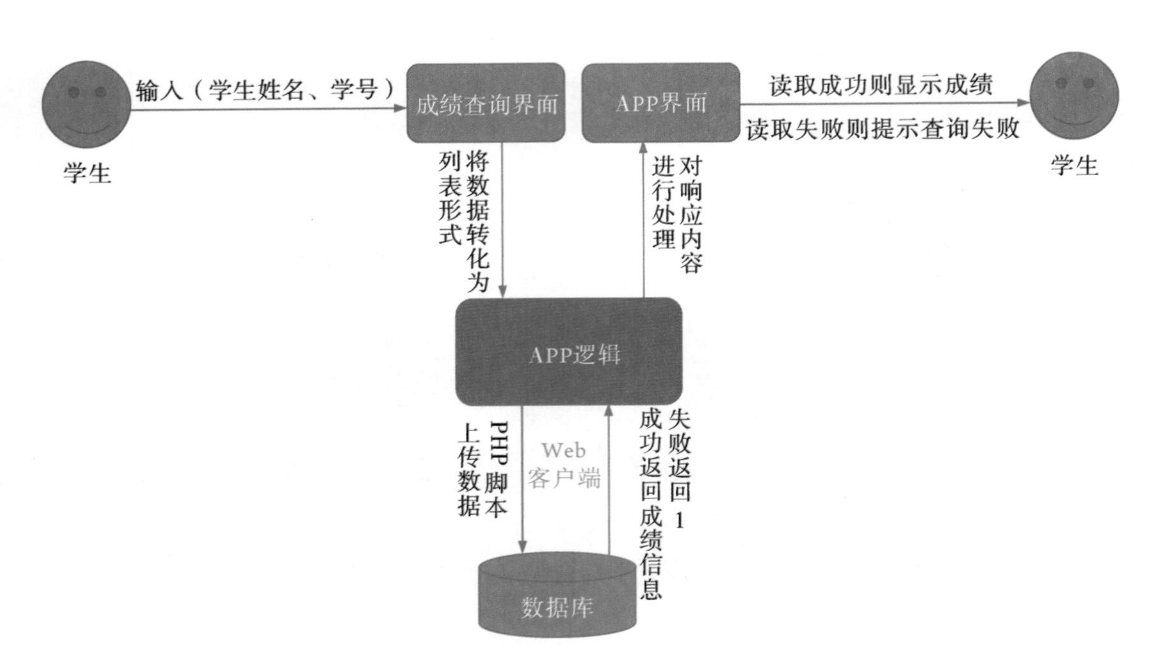

图 3-3-13　成绩查询功能逻辑思路

1．切换视图，如图3-3-14所示。

图 3-3-14　切换视图

2．处理“确定查询”单击事件。首先判断姓名和学号是否为空，为空则显示提示信息，不为空则调用“student”过程，如图3-3-15所示。

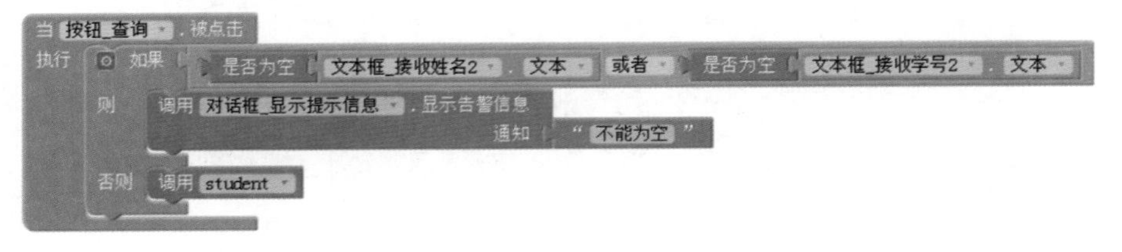

图 3-3-15　“确定查询”单击事件

3．“student”过程代码如图3-3-16所示，设置Web组件的请求头和访问链接，并将姓名和学号上传至student.php。

```
定义过程 student
执行语句 设 webs . 请求头 为 创建列表 创建列表 “ Content-Type ”
                                        “ application/x-www-form-urlencoded ”
        设 webs . 网址 为 “ http://appforanna.sinaapp.com/student.php ”
        调用 webs . 执行POST文本请求
                文本 调用 webs . 创建请求数据
                      列表 创建列表 创建列表 “ name ”
                                          nameinput2 . 文本
                                创建列表 “ num ”
                                          numinput2 . 文本
```

图 3-3-16　定义过程“student”

4. 处理Web组件获得文本事件：如果脚本文件返回1，则表示该用户名和密码有问题，显示提示信息；否则，将脚本文件返回的信息显示在“成绩显示区”标签中。如图3-3-17所示。

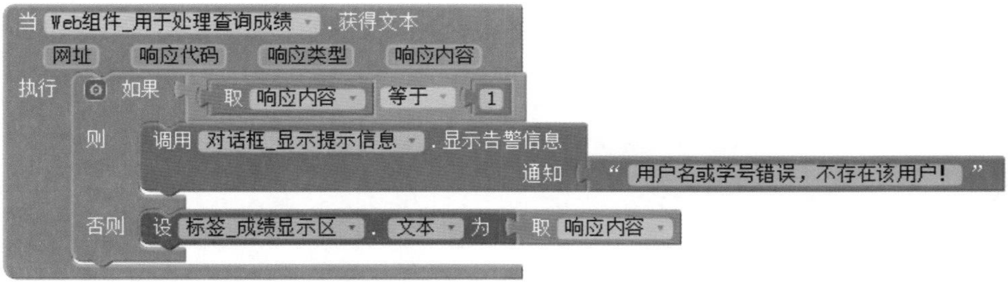

图 3-3-17　处理 Web 组件获得文本事件

5. 处理“返回”按钮单击事件：设置两个返回按钮的单击事件，切换到初始化界面，如图3-3-18所示。

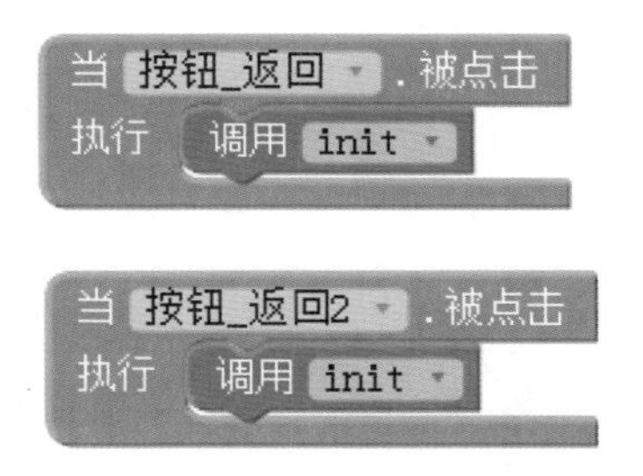

图 3-3-18　处理“返回”按钮单击事件

五、调试结果

打开App Inventor开发伴侣，将它与安卓手机连接，调试结果如图3-3-19所示。

图 3-3-19　调试结果界面

通过本项目的学习，将项目设计成果在小组或全班进行展示、交流及分享。

本项目尝试探索如何利用App Inventor和数据库来管理学生的成绩，从操作效率来看，输入成绩的操作显得烦琐、不灵活，仍有待改进。同学们可以尝试将成绩用表格编辑好，存成csv格式，然后导入客户端。

PHP简介

PHP（超文本预处理器）是一种通用开源脚本语言。其语法吸收了C语言、Java和Perl的特点，易于学习，使用广泛，主要适用于Web开发领域。PHP可以比CGI或者Perl更快速地执行动态网页。PHP与其他的编程语言相比，它是将程序嵌入HTML（标准通用标记语言下的一个应用）文档中去执行，执行效率比完全生成HTML标记的CGI要高很多；PHP还可以执行编译后代码，编译可以达到加密和优化代码运行的效果，使代码运行更快。PHP本身免费，是开源代码且具有编辑简单、实用性强等的特点，比较适合初学者。

3.4 即时通信 APP 的设计

即时通信工具为我们的生活和工作带来很大的便利，大大减少了沟通成本。这一节，我们来学习如何用App Inventor制作简单的即时通信APP。

❶学会编写脚本来读取外部数据表。

❷掌握定时显示数据表中内容的方法。

『 3.4.1 即时通信 APP 的设计环境和素材准备 』

本项目的实施环境为App Inventor在线开发环境，编译版本为2.37。

一、搭建数据表

为了方便管理用户的基本信息和聊天记录，本项目构建了两个数据表，一个主要存储用户的基本信息，用于完成用户的注册和登录，另一个主要用于记录用户的聊天信息。具体数据结构如图3-4-1和图3-4-2所示。

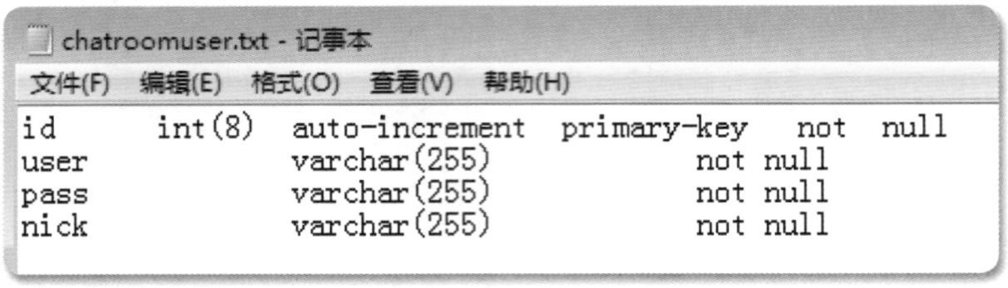

chatroomuser.txt - 记事本

文件(F) 编辑(E) 格式(O) 查看(V) 帮助(H)

```
id      int(8)   auto-increment  primary-key   not  null
user             varchar(255)              not null
pass             varchar(255)              not null
nick             varchar(255)              not null
```

图 3-4-1　用户数据表结构图

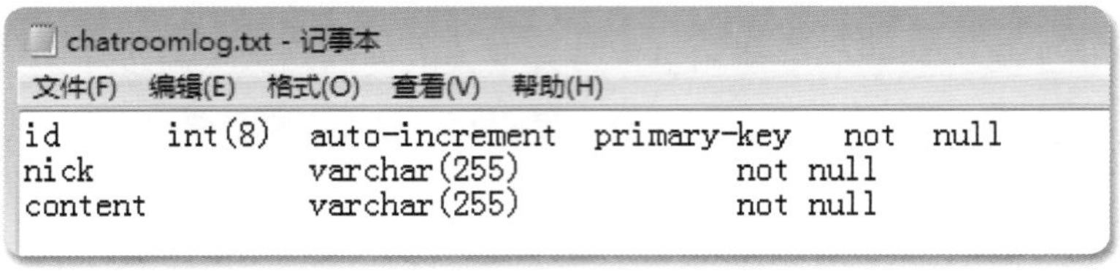

chatroomlog.txt - 记事本

文件(F) 编辑(E) 格式(O) 查看(V) 帮助(H)

```
id      int(8)   auto-increment  primary-key   not  null
nick             varchar(255)              not null
content          varchar(255)              not null
```

图 3-4-2　聊天记录数据表结构图

在Mysql数据库中新建表名为“chatroomuser”和“chatroomlog”的数据表，分别如图3-4-3和图3-4-4所示。

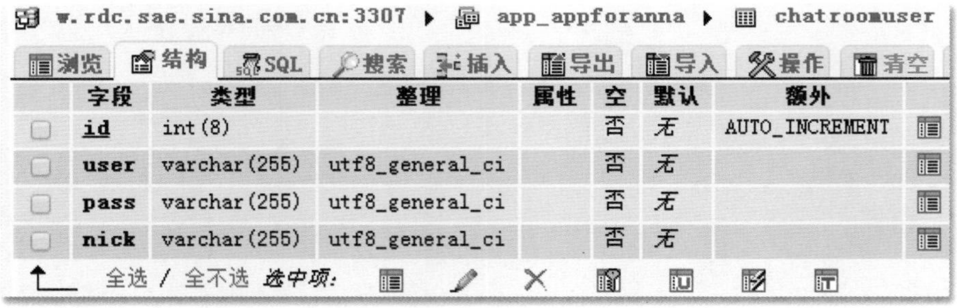

w.rdc.sae.sina.com.cn:3307 ▸ app_appforanna ▸ chatroomuser

浏览 结构 SQL 搜索 插入 导出 导入 操作 清空

	字段	类型	整理	属性	空	默认	额外	
	id	int(8)			否	无	AUTO_INCREMENT	
	user	varchar(255)	utf8_general_ci		否	无		
	pass	varchar(255)	utf8_general_ci		否	无		
	nick	varchar(255)	utf8_general_ci		否	无		

全选 / 全不选 选中项:

图 3-4-3　用户数据表

w.rdc.sae.sina.com.cn:3307 ▸ app_appforanna ▸ chatroomlog

浏览 结构 SQL 搜索 插入 导出 导入 操作 清空

	字段	类型	整理	属性	空	默认	额外
	id	int(8)			否	无	AUTO_INCREMENT
	nick	varchar(255)	utf8_general_ci		否	无	
	content	varchar(255)	utf8_general_ci		否	无	

全选 / 全不选 选中项:

图 3-4-4　聊天记录数据表

二、界面设计

即时通信APP的界面设计包含19个可视组件，6个非可视组件，界面设计和组件列表分别如图3-4-5和图3-4-6、图3-4-7所示。

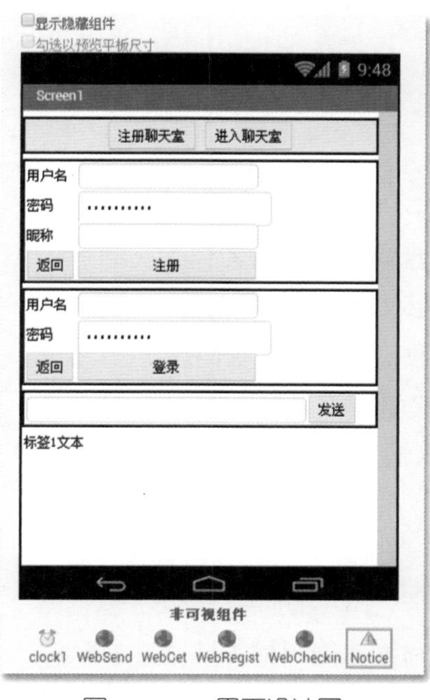

图3-4-5 界面设计图

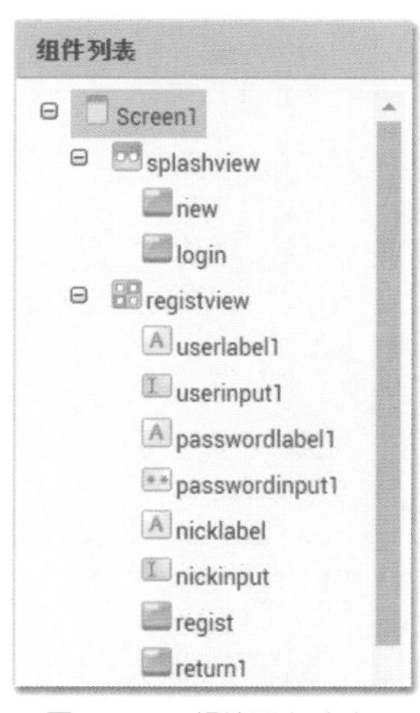

图3-4-6 组件列表（1）

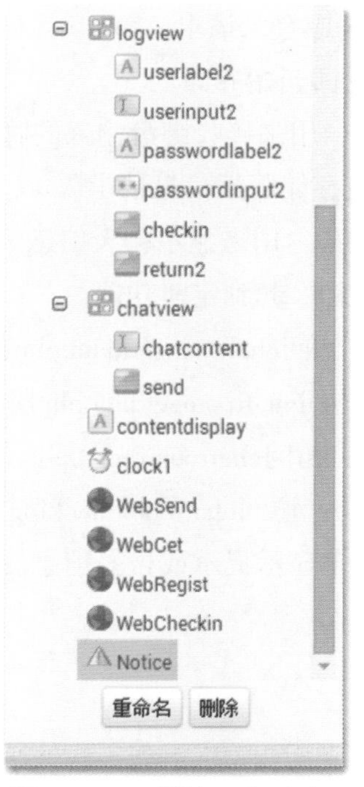

图3-4-7 组件列表（2）

new：新用户注册。

login：进入聊天室。

userlabel1：用来显示文字“用户名”。

userinput1：用来接收键盘输入的用户名。

passwordlabel1：用来显示文字“密码”。

passwordinput1：用来接收键盘输入的密码。

nicklabel：用来显示文字“昵称”。

nickinput：用来接收键盘输入的昵称。

regist：响应注册请求。

return1：返回初始界面。

userlabel2：用来显示文字“用户名”。

userinput2：用来接收键盘输入的用户名。

passwordlabel2：用来显示文字“密码”。

passwordinput2：用来接收键盘输入的密码。

checkin：响应登录请求。

return2：返回初始界面。

chatcontent：用来接收键盘输入的聊天内容。

send：响应存储聊天信息请求。

contentdisplay：用来显示聊天信息。

clock1：时钟，起到定时功能。

WebSend：访问chatroomsendata.php脚本文件。

WebGet：访问chatroomgetdata.php脚本文件。

WebRegist：访问chatroomregist.php脚本文件。

WebCheckin：访问chatroomcheckin.php脚本文件。

Notice：用来显示提示或告警信息。

三、组件属性

组件属性如表3-4-1所示。

表3-4-1 组件属性

组件	背景颜色	字号	高度	宽度	文本	文本颜色
new	默认	14	自动	自动	注册聊天室	默认
login	默认	14	自动	自动	登录聊天室	默认
userlabel1	透明	14	自动	自动	用户名	黑色
userinput1	默认	14	自动	自动		黑色
passwordlabel1	默认	14	自动	自动	密码	黑色
passwordinput1	默认	14	自动	自动		黑色
nicklabel	透明	14	自动	自动	昵称	黑色
nickinput	默认	14	自动	自动		默认
regist	透明	14	自动	自动	注册	默认
return1	默认	14	自动	自动	返回	黑色
userlabel2	透明	14	自动	自动	用户名	黑色
userinput2	透明	14	自动	自动		黑色
passwordlabel2	默认	14	自动	自动	密码	默认
passwordinput2	默认	14	自动	自动		默认
checkin	透明	14	自动	自动	登录	默认
return2	默认	14	自动	自动	返回	黑色
chatcontent	透明	14	自动	自动		黑色
send	默认	14	自动	自动	发送	黑色
contentdisplay	默认	14	自动	自动		默认
clock1						
WebSend						
WebGet						
WebRegist						
WebCheckin						
Notice						

3.4.2 即时通信 APP 的程序设计

一、用户注册功能实现

（一）用户注册功能实现原理

用户在注册界面输入用户名、密码及昵称等个人信息，APP后台逻辑则将这些信息转化为列表形式，并通过Web客户端将列表数据上传到PHP脚本，由脚本执行存储数据功能，将用户数据存储到chatroomuser数据表中。其逻辑思路如图3-4-8所示。

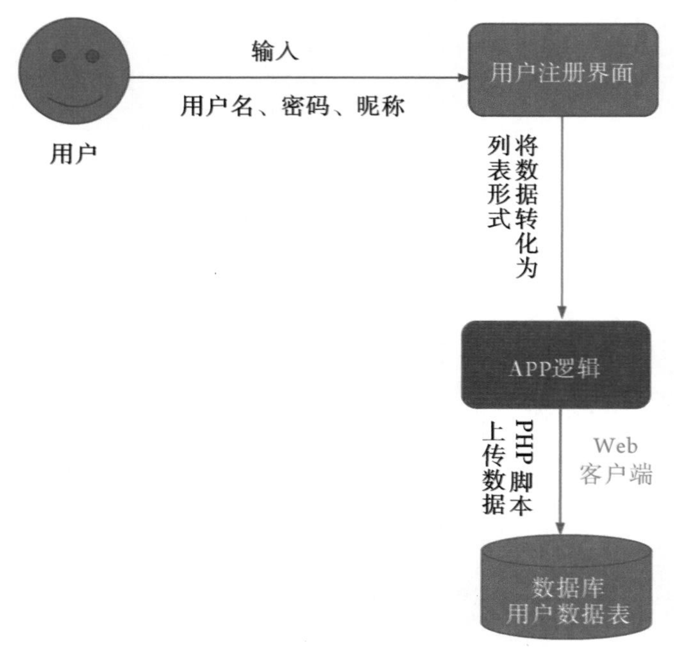

图 3-4-8　用户注册功能的逻辑思路

（二）用户注册功能程序流程图

如图3-4-9所示为用户注册功能程序流程图，其原理与第一节注册与登录APP的原理一样，具体说明请参考第一节，在此不再赘述。

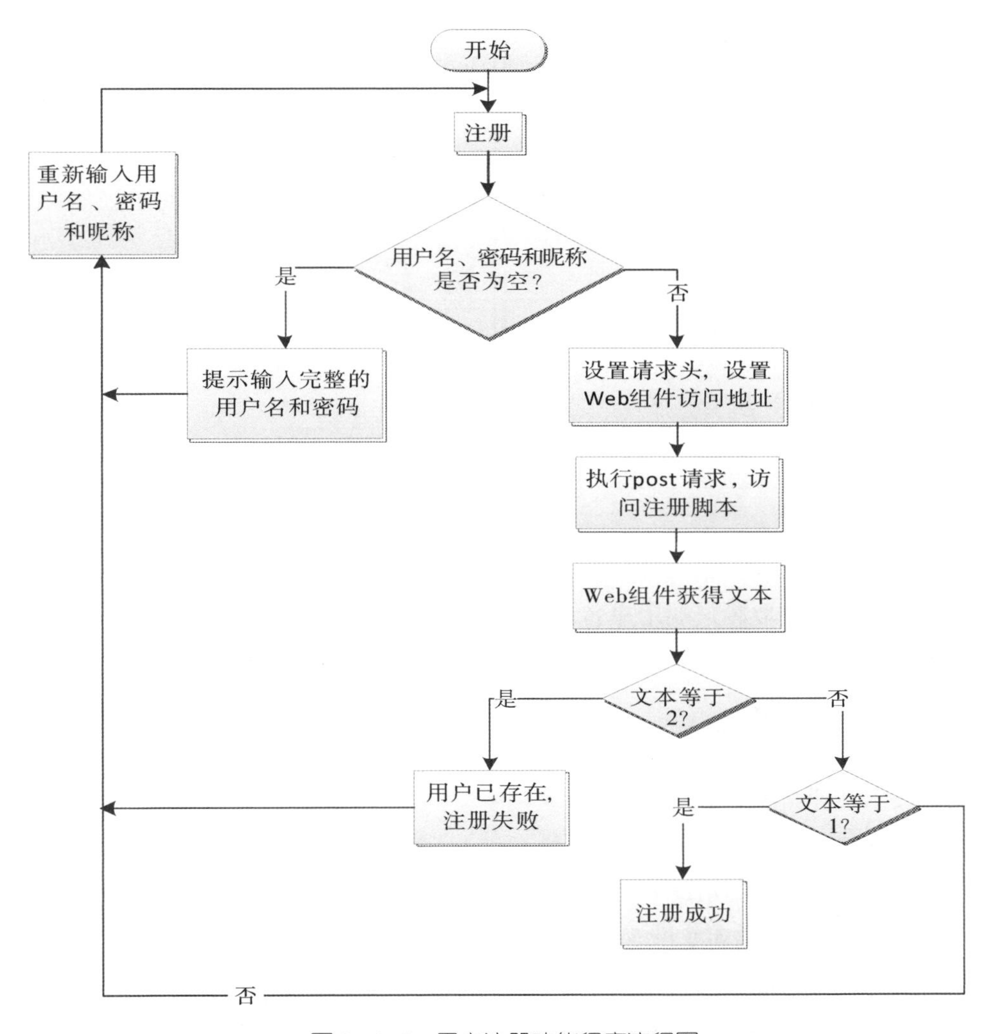

图3-4-9　用户注册功能程序流程图

（三）用户注册功能脚本设计

用户注册脚本chatroomregist.php如下所示。

```
①<? php
②$user=$_POST['user'];
③$pass=$_POST['pass'];
④$nick=$_POST['nick'];
```

```
⑤$mysql = new SaeMysql ( ) ;
⑥$sql = "SELECT * FROM 'chatroomuser' where user='{$user}'";
⑦$mysql->runSql ( $sql ) ;
⑧$no=$mysql->affectedRows ( ) ;
⑨if ( $no==0 ) {
⑩$sql="INSERT INTO 'chatroomuser' ( 'id', 'user', 'pass', 'nick' ) VALUES ( NULL,
 '{$user}', '{$pass}', '{$nick}' ) ";
⑪$mysql->runSql ( $sql ) ;
⑫echo 1;
 }
⑬else {
⑭echo 2;
 }
⑮? >
```

第1行为php开头。

第2行的作用是获取客户端用户名，存储到变量“user”中。

第3行的作用是获取客户端密码，存储到变量“pass”中。

第4行的作用是获取昵称，存储到变量“nick”中。

第5行的功能是初始化新浪服务器的MySQL类，从而获得该类的实例化对象“mysql”。

第6行表示新建sql查询语句。

第7行表示执行sql查询语句。

第8行的功能是查看sql语句影响的代码行数，成功则返回影响的行数，失败则返回-1，将返回的结果存储到变量“no”中。

第9行通过比较“no”的值来判断该用户是否是新用户，如果“no”的值为0，则表示该用户为新用户，否则不是新用户。

第10行表示新建sql查询语句，主要功能是将新用户（用户名、密码、昵称）插入数据表chatroomuser中。

第11行表示执行sql查询操作。

第12行表示如果用户为新用户，则将其存储到数据表中，回显1。

第13、第14行表示该用户不是新用户，该用户已经存在，回显2。

第15行为php脚本结尾。

将脚本文件chatroomregist.php上传至新浪云应用的代码管理器中，保存好脚本文件的访问链接。

（四）用户注册功能逻辑设计

1．初始化全局变量：“username”用来存储用户名，“userpass”用来存储密码，“usernick”用来存储用户昵称，均为全局变量。程序如图3–4–10所示。

图 3–4–10　初始化全局变量

2．定义过程“initialize”：定义一个过程，用来初始化视图的显示状态，一开始只显示“splashview”，注册界面、登录界面以及聊天界面都不可见。程序如图3–4–11所示。

```
定义过程 initialize
执行语句 设置 splashview . 可见性 为 真
         设置 registview . 可见性 为 假
         设置 chatview . 可见性 为 假
         设置 contentdisplay . 可见性 为 假
         设置 logview . 可见性 为 假
```

图 3–4–11　定义过程“initialize”

3．初始化屏幕：当屏幕初始化的时候调用初始化过程。程序如图3–4–12所示。

```
当 Screen1 . 初始化
执行 调用 initialize
```

图 3–4–12　初始化屏幕

4．设置视图切换：通过按钮事件来切换视图，进入相应的视图面板中。通过这种方法可以很轻松地实现多屏的操作。程序如图3–4–13和图3–4–14所示。

```
当 new . 被点击
执行 设 registview . 显示状态 为 true
     设 splashview . 显示状态 为 false
     设 logview . 显示状态 为 false

当 login . 被点击
执行 设 logview . 显示状态 为 true
     设 splashview . 显示状态 为 false
     设 registview . 显示状态 为 false
```

图 3–4–13　设置视图切换

图 3-4-14　返回按钮单击事件

5. 处理“regist”单击事件，程序如图3-4-15所示。

当 regist . 被点击
执行 如果 是否为空 userinput1 . 文本
或者 是否为空 passwordinput1 . 文本
或者 是否为空 nickinput . 文本
则 调用 Notice . 显示告警信息
通知 “信息不完整，请输入完整信息！”
否则 设 WebRegist . 请求头 为 创建列表 创建列表 “Content-Type”
“application/x-www-form-urlencoded”
设 WebRegist . 网址 为 “http://appforanna.sinaapp.com/chatroomregist.php”
调用 WebRegist . 执行POST文本请求
文本 调用 WebRegist . 创建请求数据
列表 创建列表 创建列表 “user”
userinput1 . 文本
创建列表 “pass”
passwordinput1 . 文本
创建列表 “nick”
nickinput . 文本

图 3-4-15　“regist”单击事件

6. 处理WebRegist获得文本事件：根据脚本返回的值来判断用户是否已经存在。程序如图3-4-16所示。

当 WebRegist . 获得文本
网址 响应代码 响应类型 响应内容
执行 如果 取 响应内容 等于 2
则 调用 Notice . 显示告警信息
通知 “用户已经存在！”
否则，如果 取 响应内容 等于 1
则 调用 Notice . 显示告警信息
通知 “用户注册成功！”

图 3-4-16　WebRegist 获得文本事件

二、用户登录功能实现

（一）用户登录功能实现原理

用户在登录界面输入用户名、密码。APP逻辑后台将数据以列表形式发送到PHP脚本进行查询，如果用户信息存储在用户数据表中，则成功进入聊天室，否则提示用户名或密码错误。其逻辑思路如图3-4-17所示。

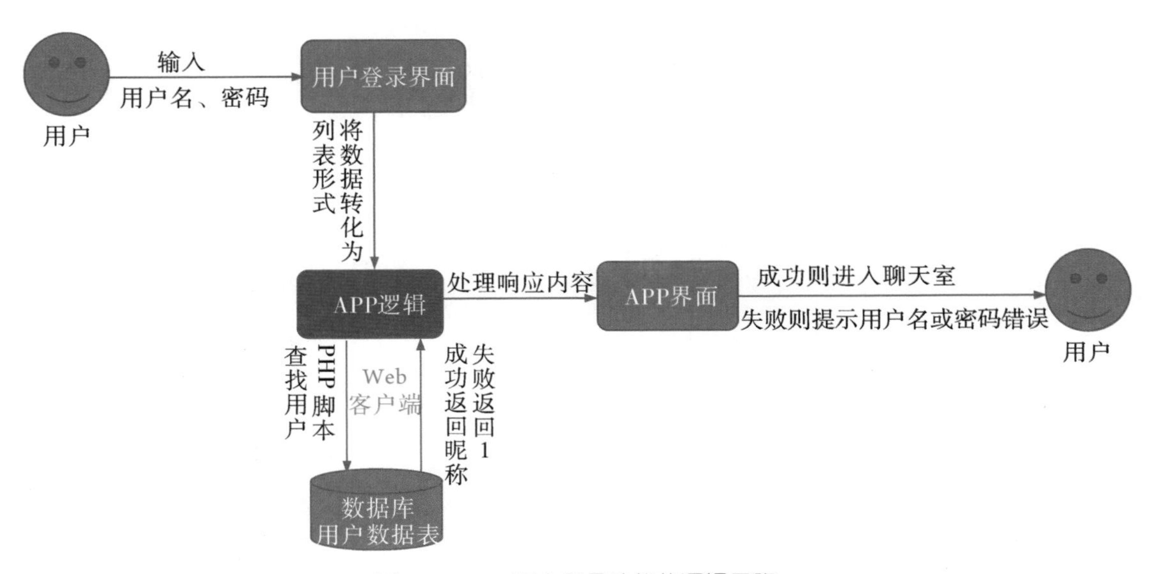

图3-4-17　用户登录功能的逻辑思路

（二）用户登录功能程序流程图

如图3-4-18所示为用户登录功能程序流程图。当用户输入用户名和密码并按下登录按钮之后，系统会自动判断用户名和密码是否为空。如果用户名和密码有一个为空，则提示用户输入完整的用户名和密码；如果用户名、密码都不为空，则设置WebCheckin组件的请求头和访问地址，执行post请求，访问登录脚本。接着，判断WebCheckin组件获得文本是否等于1，如果是，则提示用户名或密码有误，否则提示登录成功。登录成功后，将当前输入框和密码框中的用户名和密码保存到全局变量中，将登录页面切换到聊天页面，启用计时器，并设置WebGet组件的访问地址。

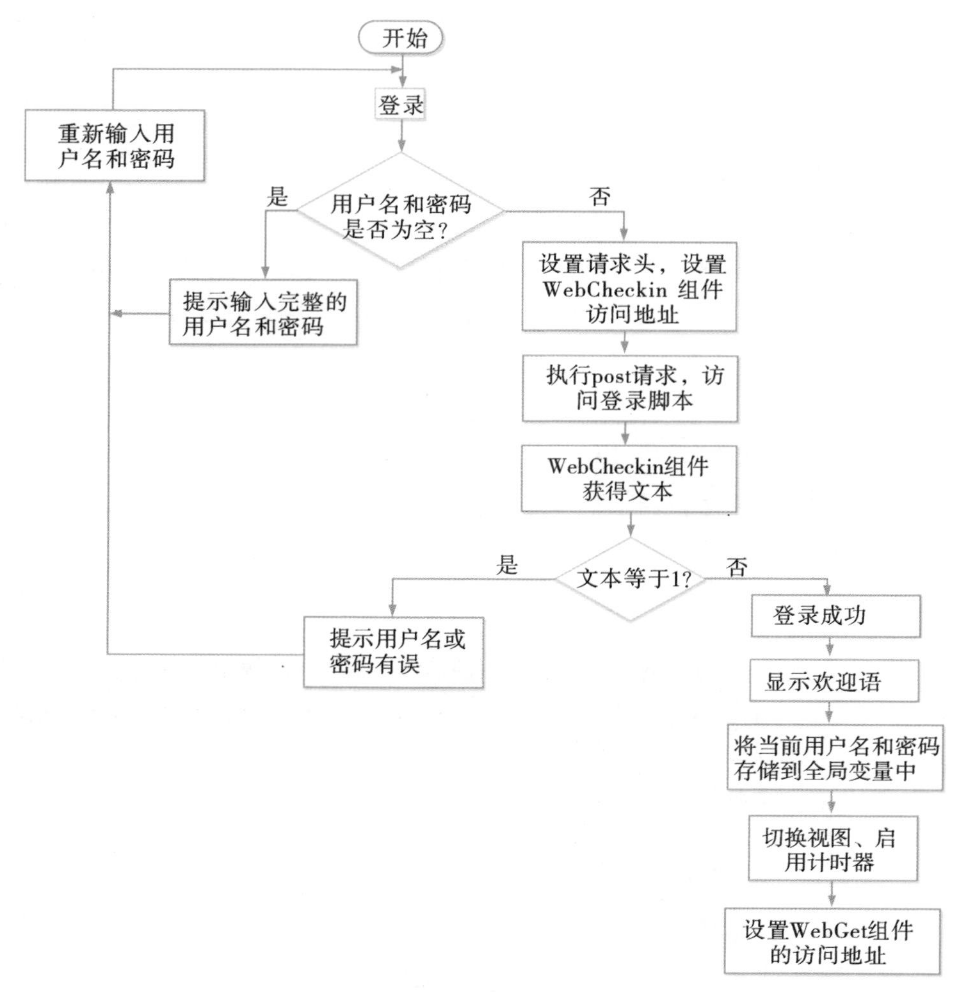

图3-4-18　用户登录功能程序流程图

（三）登录脚本文件

用户登录脚本chatroomcheckin.php如下所示：

```
①<? php
②$user=$_POST['user'];
③$pass=$_POST['pass'];
④$mysql = new SaeMysql（ ）;
⑤$sql = "SELECT * FROM `chatroomuser` where user='{$user}' AND pass= '{$pass}'";
⑥$mysql->runSql（ $sql ）;
⑦$no=$mysql->affectedRows（ ）;
⑧if（ $no==0 ）{
⑨echo 1;
```

```
}
⑩else {
⑪$data=$mysql->getData（$sql）;
⑫$nick=$data[0]['nick'];
⑬echo $nick;
⑭? >
```

第1行为php文件开头。

第2行的作用是获取客户端用户名，存储到变量“user”中。

第3行的作用是获取客户端密码，存储到变量“pass”中。

第4行的功能是初始化新浪服务器的MySQL类，从而获得该类的实例化对象“mysql”。

第5行表示新建sql查询语句。

第6行表示执行sql查询语句。

第7行的功能是查看sql语句影响的代码行数，成功则返回影响的行数，失败则返回-1，将返回的结果存储到变量“no”中。

第8、第9行通过比较“no”的值来判断该用户是否是新用户，如果“no”的值为0，则表示该用户为新用户，回显1，提示用户名或密码错误无法登录。

第10~13行表示登录成功，获取相应数据。

第14行为php脚本结尾。

（四）用户登录功能实现

1．处理checkin事件

当checkin按钮被单击后，系统首先判断用户名和密码是否为空，如果为空，提示输入完整信息；如果用户名和密码不为空，则设置WebCheckin的请求头，并将用户名和密码以二级列表形式上传给处理登录功能的脚本文件chatroomcheckin.php。程序如图3-4-19所示。

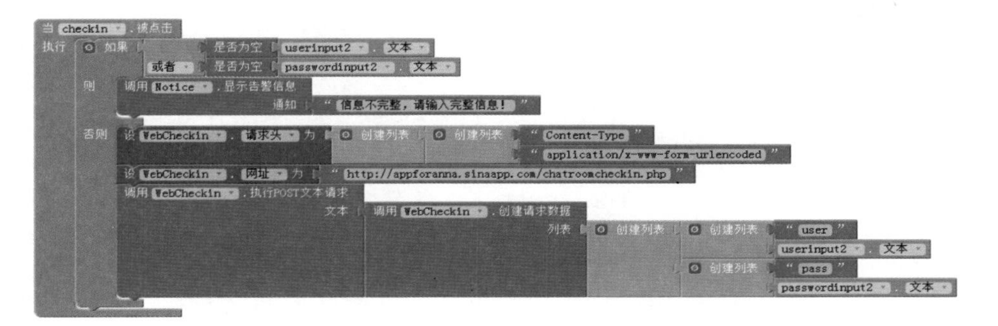

图3-4-19 处理checkin事件

2．处理WebCheckin获得文本事件

当WebCheckin组件获得文本后，需要根据脚本返回的值来做相应的处理。如果返回

1，则表示读取用户信息失败；如果返回昵称，则表示读取用户信息成功，即该用户已经注册过，可以让其登录聊天室，并将用户名和密码赋值给全局变量username和userpass，为下一步发送信息做准备。然后，将聊天室视图和聊天记录显示视图设置为可见，将登录界面设置为不可见。启用时钟计时，设置WebGet的访问网址。程序如图3-4-20所示。

```
当 WebCheckin .获得文本
  网址  响应代码  响应类型  响应内容
执行  如果  取 响应内容  等于  1
      则    调用 Notice .显示告警信息
                 通知 “ 用户名或者密码有误！请重新输入 ”
            设 userinput2 . 文本 为 “ ”
            设 passwordinput2 . 文本 为 “ ”
      否则  调用 Notice .显示告警信息
                 通知  合并文本  取 响应内容
                                 “ 欢迎你来到聊天室！ ”
            设 global userpass 为 passwordinput2 . 文本
            设 global username 为 userinput2 . 文本
            设 chatview . 显示状态 为 true
            设 contentdisplay . 显示状态 为 true
            设 logview . 显示状态 为 false
            设 clock1 . 启用计时 为 true
            设 WebGet . 网址 为 “ http://appforanna.sinaapp.com/chatroomgetdata.php ”
```

图 3-4-20　处理 WebCheckin 获得文本事件

三、聊天功能的实现

（一）聊天功能实现原理

用户在聊天界面输入聊天信息并单击发送按钮，APP后台将数据转化为列表形式发送到PHP脚本，由脚本文件执行存储操作，将数据存储到聊天记录数据表中。一旦定时器定时功能被触发，比如每隔1分钟触发一次，则自动从聊天记录数据表中取出10条聊天记录并显示到聊天界面中。其逻辑思路如图3-4-21所示。

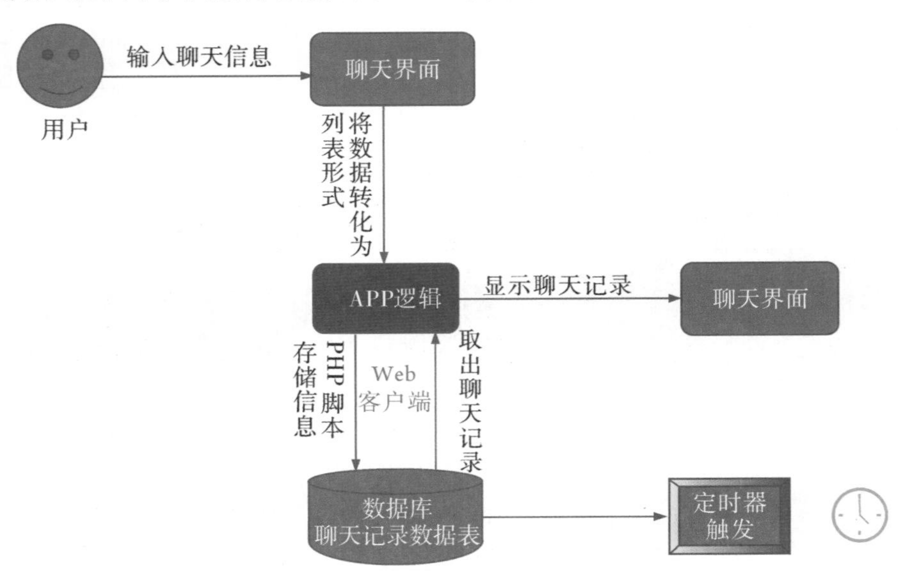

图 3-4-21　聊天功能的逻辑思路

（二）显示聊天记录功能程序流程图

如图3-4-22所示为显示聊天记录功能程序流程图。当成功登录聊天室之后，用户可以通过文字与其他用户聊天。当用户按下发送按钮后，系统会设置Web组件的访问地址，并执行post请求，访问获取聊天记录脚本文件。由于信息更新需要一定的时间，因此聊天内容的更新也需要一段时间，这段时间即为定时器的一个周期。当定时器一个周期的时间到之后，系统便执行Web请求，获取聊天内容并显示。

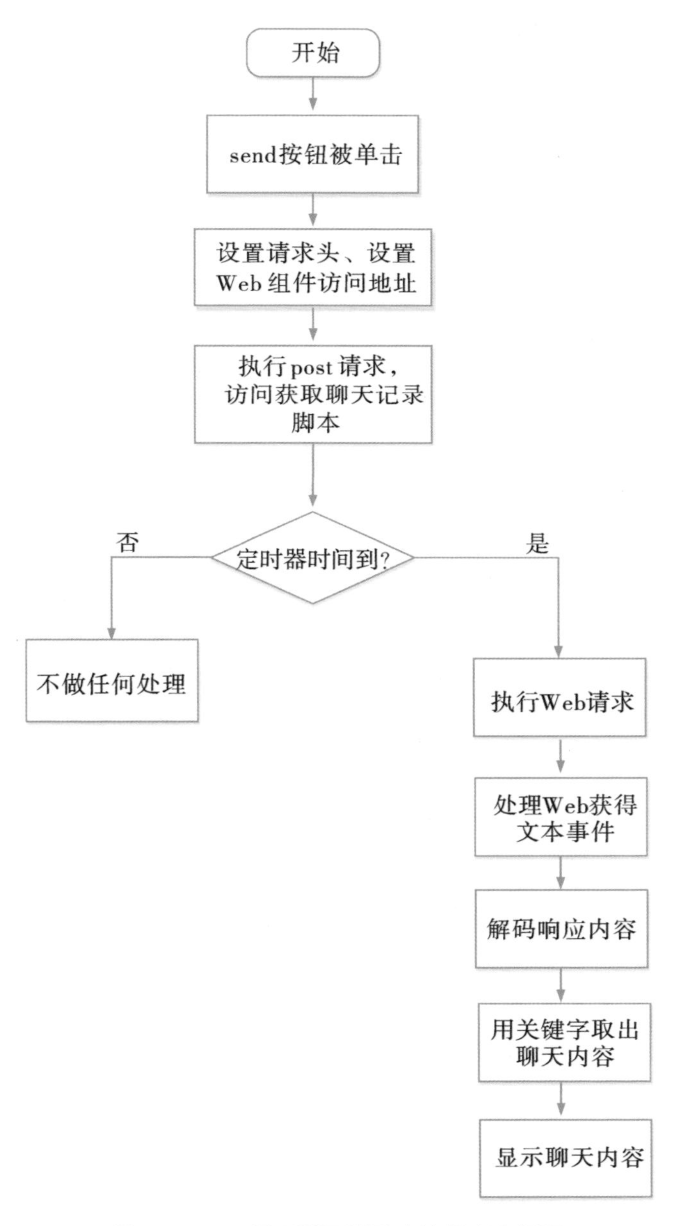

图3-4-22　显示聊天记录功能程序流程图

（三）聊天功能脚本文件

1．用户发送聊天文字脚本 chatroomsendata.php如下所示。

```
①<? php
②$user=$_POST['user'];
③$pass=$_POST['pass'];
④$content=$_POST['content'];
⑤$mysql=new SaeMysql（）;
⑥if（!empty（$user） and !empty（$pass））{
⑦$sql1="SELECT * FROM 'chatroomuser' where user='{$user}' AND pass= '{$pass}'";
⑧$mysql->runSql（$sql1）;
⑨$data=$mysql->getData（$sql1）;
⑩$nick=$data[0]['nick'];
⑪$sql2="INSERT INTO 'chatroomlog'（'id'，'nick'，'content'）VALUES（NULL，
  '{$nick}'，'{$content}'）";
⑫$mysql->runSql（$sql2）;
  }
⑬? >
```

第1行为php文件开头。

第2行的作用是获取客户端用户名，存储到变量“user”中。

第3行的作用是获取客户端密码，存储到变量“pass”中。

第4行的作用是获取客户端输入的聊天内容，存储到变量“content”中。

第5行的功能是初始化新浪服务器的MySQL类，从而获得该类的实例化对象“mysql”。

第6行的作用是判断“user”和“pass”是否非空。

第7行的功能是新建sql语句，实现在chatroomuser数据表中寻找与获取的用户名和密码相同的用户信息。

第8行表示执行sql查询语句。

第9行表示获取用户的数据，存储到变量“data”中。

第10行表示取出该用户的昵称，存储到变量“nick”中。

第11行表示新建sql查询语句，主要功能是将昵称和聊天内容插入数据表chatroomlog中。

第12行表示执行sql插入操作。

第13行为php脚本结尾。

这段脚本主要实现的功能为：从客户端获取用户名、密码和聊天内容，然后根据用户名和密码去chatroomuser数据表中查找用户的昵称，最后将用户昵称和聊天内容插入chatroomlog数据表中。

2．获取聊天记录脚本 chatroomgetdata.php如下所示。

```
①<? php
②$mysql=new SaeMysql（ ）;
③$sql="SELECT * FROM 'chatroomlog' ORDER BY 'id' DESC  LIMIT 0，10";
④$mysql->runSql（ $sql ）;
⑤$data=$mysql->getData（ $sql ）;
⑥echo json_encode（ $data ）;
⑦? >
```

第1行为php文件开头。

第2行的功能是初始化新浪服务器的MySQL类，从而获得该类的实例化对象“mysql”。

第3行的功能是新建sql语句，目的是从chatroomlog数据表中取出10条聊天记录。

第4行的功能是执行sql语句。

第5行的功能是获取数据，并存储至变量“data”中。

第6行的功能是采用json数据格式为取出的聊天数据进行编码。

（四）APP 程序设计

1．处理send单击事件：用户发送完聊天信息，WebSend组件会把用户名、密码和聊天信息上传至脚本文件。脚本会根据用户名、密码取出chatroomuser中的昵称，接着将昵称和聊天信息插入数据表chatroomlog中。程序如图3-4-23所示。

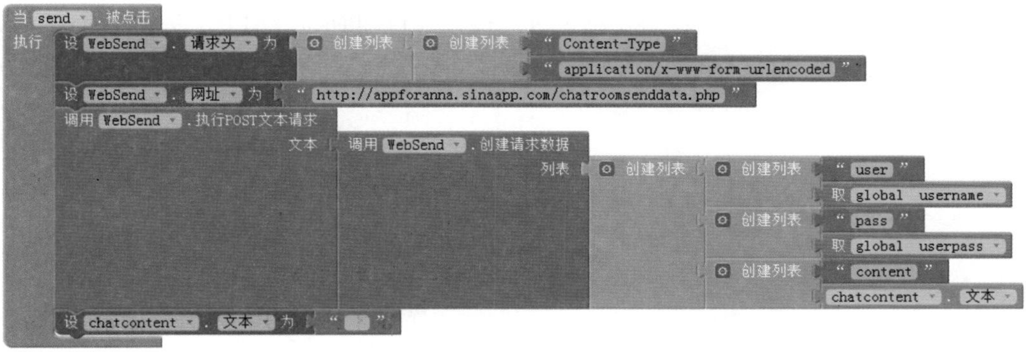

图 3-4-23　处理 send 单击事件

2．时钟计时，定时读取聊天记录：当时钟计时的时间到时，读取chatroomlog中的聊天数据，逆序取出10条聊天记录，即取出最近的10条聊天记录。由于响应内容包括10条聊天信息，因此需要用循环的方式依次读取响应的内容，并根据关键字“Nick”和“content”取出我们想要的数据。程序如图3-4-24所示。

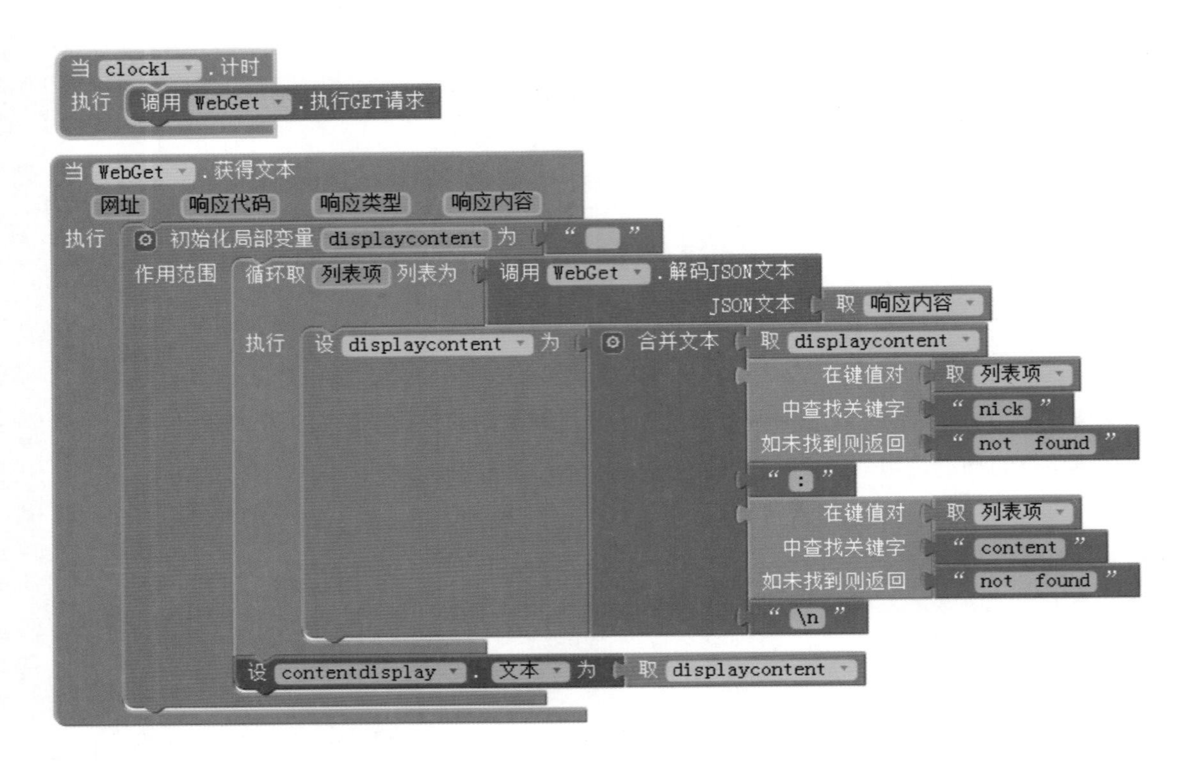

图3-4-24　时钟计时，定时读取聊天记录

四、程序运行调试

打开App Inentor开发伴侣，与安卓手机连接，运行即时通信APP，反复调试，实现即时通信功能，得到满意的结果。

通过本项目的学习，将项目设计成果在小组或全班进行展示、交流及分享。

1. 本项目尝试探索如何将App Inventor和数据库相结合，完成即时通信APP的设计，同学们自己尝试能否实现即时通信功能。

2. 本项目APP在运行时，我们会发现运行结果是逆序取出最近的10条记录，聊天记录中总是会把最后一条信息显示在第一行，而前面的信息显示在最后一行，不符合大家的使用习惯。请同学们尝试改进，使聊天记录按照正常的聊天顺序来显示。

即时通信工具简介

即时通信是目前互联网上最为流行的通信方式，即时通信软件也层出不穷。同时，服务提供商也提供了越来越丰富的通信服务。

即时通信是一种终端服务，允许两人或多人使用网络即时地传递文字、档案、语音及视频等信息进行交流。即时通信按使用对象可分为企业即时通信和网站即时通信，根据装载的对象又可分为手机即时通信和PC即时通信。

目前，中国市场上的企业级即时通信工具主要有信鸽、视高可视协同办公平台、263EM、群英CC2010、GoCom、RTX、企业微信等。相对于个人即时通信工具而言，企业级即时通信工具更加强调安全性、实用性、稳定性和扩展性。

参考文献

[1] App Inventor. [EB/OL]. https://baike.baidu.com/item/App%20Inventor/8887016?fr=aladdin.

[2] App是什么意思[EB/OL]. https://wenku.baidu.com/view/0dced47a844769eae009ed91.html.

[3] 五线谱. [EB/OL]. https://baike.baidu.com/item/%E4%BA%94%E7%BA%BF%E8%B0%B1/383586?fr=aladdin.

[4] 计算器. [EB/OL]. https://baike.baidu.com/item/%E8%AE%A1%E7%AE%97%E5%99%A8/780232.

[5] 颜色传感器. [EB/OL]. https://baike.baidu.com/item/%E9%A2%9C%E8%89%B2%E4%BC%A0%E6%84%9F%E5%99%A8.

[6] 李一鸣.机器人避障的原理及分析[J]. 电子技术与软件工程，2017(3).

[7] 方向传感器. 百度百科[EB/OL]. https://baike.baidu.com/item/%E6%96%B9%E5%90%91%E6%84%9F%E5%BA%94%E5%99%A8/9085656.

[8] 国务院关于印发新一代人工智能发展规划的通知[EB/OL].[2017-07-20]. http://www.gov.cn/zhengce/content/2017-07/20/content_5211996.htm.

[9] 余胜泉，胡翔. STEM教育理念与跨学科整合模式[J]. 开放教育研究，2015，21(04):13-22.

[10] 王同聚.基于“创客空间”的创客教育推进策略与实践：以“智创空间”开展中小学创客教育为例[J]. 中国电化教育，2016(6)：65-70，85.

[11] 教育部关于印发《义务教育小学科学课程标准》的通知[EB/OL].[2017-02-06]. http://www.moe.gov.cn/srcsite/A26/s8001/201702/t20170215_296305.html.

[12] 教育部印发《中小学综合实践活动课程指导纲要》[EB/OL].[2017-10-30]. http://www.gov.cn/xinwen/2017-10/30/content_5235316.htm.

[13] 教育部关于印发《普通高中课程方案和语文等学科课程标准(2017年版)》的通知[EB/OL].[2018-01-05]. http://www.moe.gov.cn/srcsite/A26/s8001/201801/t20180115_324647.html.

[14] PHP. [EB/OL]. https://baike.baidu.com/item/PHP/9337?fr=aladdin.

[15] 即时通信. [EB/OL]. https://baike.baidu.com/item/%E5%8D%B3%E6%97%B6%E9%80%9A%E4%BF%A1/6514295?fr=aladdin.

[16] 桂建婷. 移动题库App的设计与实现：以广州城市职业学院“商务英语”网络课程为例[J]. 中国信息技术教育，2015(24)：71-74.

[17] 黄仁祥，金琦，易伟. 人人都能开发安卓App：App Inventor 2应用开发实战[M]. 北京：机械工业出版社，2014.